四川省2013年重点图书出版规划项目

FUGAICUCAOJI
DE JISHU YU FANGFA

覆盖粗糙集的技术与方法

汤建国 佘 堃 祝 峰 著

电子科技大学出版社

图书在版编目（CIP）数据

覆盖粗糙集的技术与方法 / 汤建国，佘堃，祝峰著.
—成都：电子科技大学出版社，2013.1

ISBN 978-7-5647-1465-9

Ⅰ.①覆… Ⅱ.①汤… ②佘… ③祝… Ⅲ.①数据模型－建立模型 Ⅳ.①TP311.13

中国版本图书馆 CIP 数据核字（2013）第 012115 号

内容提要

覆盖粗糙集是一种处理不确定性问题的重要工具，本书通过对其存在的几个关键问题进行深入分析和研究，建立了三种覆盖粗糙集的扩展模型，提出了一种覆盖细化的思想，并将拟阵论引入粗糙集的研究中，从多个角度构建了粗糙集的拟阵结构，设计了基于拟阵的知识约简算法。本书观点新颖，研究内容为该领域的前沿问题，其成果不仅丰富了覆盖粗糙集的理论研究，而且也促进了它在实际问题中的应用，具有重要的理论和现实意义。

覆盖粗糙集的技术与方法

汤建国　佘堃　祝峰　著

出　　版：电子科技大学出版社（成都市一环路东一段 159 号电子信息产业大厦　邮编：610051）
策划编辑：张　琴　吴艳玲
责任编辑：周　岚
封面设计：墨创文化
主　　页：www.uestcp.com.cn
电子邮箱：uestcp@uestcp.com.cn
发　　行：新华书店经销
印　　刷：成都蜀通印务有限责任公司
成品尺寸：185 mm×260 mm　　印张 8.5　　字数 192 千字
版　　次：2013 年 1 月第一版
印　　次：2013 年 1 月第一次印刷
书　　号：ISBN 978-7-5647-1465-9
定　　价：28.00 元

前　言

智能信息处理技术已成为人工智能、机器学习以及数据挖掘等众多领域中的热点研究内容。粗糙集凭借其在处理不确定性问题中的优良表现，被公认为是一种重要的智能信息处理技术，吸引了国内外众多学者的研究兴趣。随着现实世界中大量应用数据在结构和形式上日益复杂化和多样化，经典粗糙集已不再适应很多实际问题的处理需求。因此，许多学者从不同的角度对粗糙集进行了扩展性的研究。覆盖粗糙集便是粗糙集的一种重要扩展，它将经典粗糙集中的划分拓广成更为一般的覆盖，不仅丰富了粗糙集理论的研究内容，而且增强了粗糙集处理复杂数据的能力，扩宽了粗糙集的应用领域。

覆盖粗糙集在最近几年取得了较大发展，但在挖掘覆盖的深层特性、构建覆盖粗糙集的扩展模型，以及覆盖粗糙集代数结构和公理化等方面的研究还有待进一步地探索和改进。基于这些问题，本书从关键技术和方法入手进行深入的分析和研究，建立了三种覆盖粗糙集的扩展模型，提出了一种覆盖细化的思想，并将拟阵论引入粗糙集的研究中，从多个角度构建了粗糙集的拟阵结构，设计了基于拟阵的知识约简算法。本书主要的创新性研究成果体现在以下几个方面：

1．提出了一种覆盖细化的方法，提高了覆盖近似描述精度。根据元素是否隶属于多个覆盖块，将元素分为不确定元素和确定元素。一个覆盖块中的确定元素具有该覆盖块的独有特性，利用该特性将覆盖块中的确定元素与不确定元素进行重新组合，从而实现对覆盖块的细化。通过对多种覆盖粗糙集模型在覆盖细化前后的比较发现，覆盖的细化有效地提高了各模型对目标集合的近似描述精度。

2．建立了一类新的覆盖粗糙模糊集模型。通过充分考虑元素与其最小描述之间的关系，以及其在给定模糊集中的隶属度，提出了模糊覆盖粗糙隶属度，并建立了一类新的覆盖粗糙模糊集模型。该模型在对给定模糊集进行描述时，不仅考虑了一个元素与其他元素之间的关系，也体现了该元素在给定模糊集中的隶属度的重要作用。因此，相比其他三类模型，新模型对给定模糊集的描述更为全面。实验结果也进一步验证了这一结论。

3．建立了覆盖 Vague 集模型。Vague 集在描述对象的模糊性时比模糊集提供的信息更为丰富。从目标集合的覆盖上、下近似与论域中各元素之间存在的不确定关系出发，构建了目标集合的覆盖 Vague 集，从一种新的角度展现了论域中各元素与目标集合之间的从属关系，对存在于覆盖粗糙集中的一些不确定现象有了更清晰的认识，即：一个集合的覆盖下近似中的元素并非完全从属于该集合，而它的覆盖上近似之外的元素也并非完全不从属于该集合。

4．建立了基于覆盖的软粗糙集模型。通过剖析软集的特征及其与覆盖之间的内在联系后，提出了补参的概念，利用它建立了软覆盖近似空间，从而进一步构造了基于覆盖的软粗糙集模型。给出了不同软覆盖近似空间具有相同近似运算的充要条件，针对软覆盖近似空间中存在冗余的参数化子集提出了一种参数约简方法，并证明对于论域上的任意集合，一个软覆盖近似空间与其约简产生的关于该集合的软上近似、软下近似相等。

5．将拟阵论引入粗糙集的研究中，构建了粗糙集的三种拟阵结构，并提出了基于拟阵的知识约简方法。拟阵论是一个具有完善的公理化体系的数学工具，将其引入粗糙集的研究中，以期为粗糙集以及覆盖粗糙集的公理化研究提供新的方法。本书从拟阵中的均匀拟阵以及图论中的完全图和圈三个不同角度出发，分别构建了粗糙集的三种拟阵结构。用拟阵的方式等价刻画了粗糙集中的上、下近似等重要概念，发掘出粗糙集一些新的性质。基于完全图和圈的粗糙集拟阵结构之间的关系，证明了这两种不同的拟阵恰好为一组对偶拟阵。同时，本书提出了基于拟阵的知识约简方法，简捷有效地实现了知识表达系统的属性约简以及属性值的约简，并设计了相关的知识约简算法。

综上所述，本书从覆盖粗糙集存在的关键问题出发，分别建立了基于模糊集、Vague集和软集的三类覆盖粗糙集扩展模型，提出了一种覆盖细化的方法，并将拟阵论引入粗糙集理论的研究中，建立了三类粗糙集拟阵结构，设计了基于拟阵的知识约简算法。这些创新成果进一步丰富了覆盖粗糙集的理论研究，同时也促进了它在实际问题中的应用，并为其后续相关研究奠定了可靠的基础。

目　录

第1章　绪　论

1.1　研究背景及意义

1.1.1　研究背景

随着人类步入信息化社会，数字信息的规模也在急剧扩大，各种海量数据库不断涌现，无论是在数量上，还是在数据的维度和复杂度等方面都已远远超越过去。面对如此浩瀚的数据，传统的数学理论与方法已很难有效应对，而依靠人力去处理这些海量数据更是成为一种不可能完成的任务。特别是在一些高端科学的研究中，如生物技术、太空探测以及基因分析等，产生的数据量都非常巨大，数据的结构也异常复杂。这些高端科技的研究不仅会对人类社会的发展有重要的推动作用，同时也蕴藏着巨大的商机。因此，世界各国的科学家们都开始积极寻求和开发新的智能信息处理技术，利用计算机模拟人类的智能来处理各种复杂而庞大的数据，以提高对大规模数据的处理速度和利用效率。

然而，在智能信息处理的研究中存在着一个非常大的难题，那就是如何有效地应对普遍存在的信息不确定性。李德毅院士认为，不确定性的涵义很广泛，主要包括随机性、模糊性、不完全性、不稳定性和不一致性五个方面，其中随机性和模糊性是不确定性的最基本内涵。[1]概率论是研究随机性问题的重要手段之一，它通过概率的方式对随机性进行量化分析，并利用分布函数来研究随机现象的统计特征。Dempster 和 Shafer 提出了证据理论[2, 3]，通过引入信任函数和似然函数来描述知识的不确定性。Shannon 将物理学中熵的概念引入信息论中，把概率和信息冗余联系起来，提出了信息熵的概念，并用它来刻画和描述离散型随机变量的随机不确定性程度。[4]信息熵被提出后，许多学者通过对其进行扩展来解决更多具体的问题。王国胤等[5]以条件信息熵为启发知识来设计决策表的启发式约简算法。杨明[6]将条件信息熵引入决策表的约简问题中，提出了基于信息熵的近似约简概念，并设计了相关的约简算法。Liang 等[7]提出互补熵的概念，将其用于度量信息系统的随机不确定性和模糊不确定性。Hu 等[8]将信息熵扩展成为模糊信息熵，用来度量模糊信息系统中的信息量。

模糊性是由概念本身的不明晰造成的，即无法确切地给出概念的明确含义和界限，它不是由人的主观认识造成的，而是事物的一种客观属性。在现实世界中，模糊的概念大量存在，而有效处理模糊问题的方法还非常有限。针对这一现象，美国数学家 Zadeh 在 1965 年提出了模糊集理论[9]，用隶属度的方式来描述概念的这种模型性，将经典集合论中元素与集合之间明确的从属关系扩展为非明确的从属关系，给出了一套处理模糊信息的方法体系。不过，模糊集理论虽然能够较好地反映一个概念所具有的模糊性，但对于概念的模糊性边界却很难进行刻画。1982 年，波兰学者 Pawlak 提出了粗糙集理论[10]，通过一对精确的近似集合，即上近似和下近似，来对目标集合进行逼近，从而得到一个近似描述。粗糙集理论利用边界域的思想，很好地解决了概念模糊边界的描述问题。1990 年，Dubois 和 Prade[11]将模糊集和粗糙集相结合，创造性地提出了模糊粗糙集和粗糙模糊集理论。1993 年，Gau 等[12]提出了 Vague 集理论，它将模糊集中的隶属度扩展为真隶属度和假隶属度，从支持程度和反对程度两个方面去体现一个对象从属于某个集合的程度，其对概念的模糊边界是通过真、假隶属度之和与 1 之间的差值来反映。与模糊集相比，Vague 集对事物的描述更为丰富和全面。

目前，国内外虽然已经出现了许多用于处理不确定性问题的理论和方法，但在很多实际问题的解决中仍然难以达到让人满意的效果。造成这种结果的原因主要有两个方面：一方面是由于原始数据本身的不完整和不完备放大了问题的不确定性程度，增加了对其进行处理的难度；另一方面则是由于各种处理不确定性问题的理论或方法虽然都具有各自独特的性能，但同时也存在各自的不足，当所面对的数据较为复杂时，单一的理论或方法很难给予全面有效的处理。于是，人们逐渐意识到，任何单一的理论和方法都很难独自解决所有的问题，甚至很难全面地反映和处理某一个问题。因此，将这些理论和方法结合起来，互取所长，互补所短，已经成为各国学者在这个领域的一种研究共识。

由此可见，在各种数字信息急剧增加的今天，人们迫切需要一些更有效的方法来对这些数据进行处理，而数据的不确定性对这些方法又提出了更高的要求。现有的一些方法虽然在理论和应用方面都取得了长足发展，但仍然很难单独地去处理现实中的许多问题，尤其是在复杂问题的处理上就更显得捉襟见肘，所以还需要对它们做进一步的完善和扩展。鉴于单一的方法在处理不确定性问题上的能力有限，研究多种方法之间的互补性，实现它们之间的有机结合，相互取长补短，不仅具有重要的理论意义，也有很重要的现实意义。

1.1.2 研究意义

粗糙集理论为解决数据中的不确定性问题提供了一种有效方法，它通过一对精确的集合，即下近似和上近似，来对不确定的目标集合进行确定的近似描述。在粗糙集中，认为目标集合的不确定性主要是由其上、下近似之间的差集造成的，该差集越大，则不确定性也越大；反之，不确定性则越小。与其他一些处理不确定性问题的理论相比，粗糙集最大的特点在于它无需提供问题所需处理的数据集合之外的任何先验信息，所以对问题不确定性的描述或处理可以说是比较客观的。[13, 14]正因如此，粗糙集被广泛应用于机器学习、人工智能以及数据挖掘等众多领域，成为一种重要的智能信息处理技术。

粗糙集中的近似运算是建立在数据划分基础上的，而现实中的很多数据却都是以覆盖的形式存在。比如，一个男人在家庭中所处的角色，他可能只代表父亲或者儿子，但也有可能两者都是。再比如一堆积木，如果按照颜色分类，那么有些具有多种颜色的积木就会同时属于多个类，等等。在这些常见的生活实例中，对象的分类就会形成论域上的一个覆盖，即不同类之间可能存在非空交集。此外，在粗糙集的很多扩展研究中，如基于邻域的粗糙集[15~19]、基于相似关系的粗糙集[20]、基于相容关系的粗糙集[21, 22]以及基于优势关系的粗糙集[23, 24]等，它们研究的问题虽然在形式上是以关系等外在形式来表示，但实质上都是论域上的覆盖数据，只是产生覆盖的方式有所不同。由此可见，不论是在现实生活中，还是在科学理论研究中，都广泛存在着覆盖类型的数据。因此，研究如何对覆盖数据进行有效处理将是一件非常重要且很有必要的工作。

覆盖广义粗糙集是由 Zakowski[25]最先提出的，它将粗糙集中由等价关系确定的划分推广为覆盖，是对粗糙集理论的一种重要扩展，已成为一种处理覆盖数据的有效方法。之后，又有许多学者陆续对覆盖粗糙集进行深入研究，取得了很多有意义的研究成果[26~34]。尽管对覆盖粗糙集的研究已经有了较大的发展，但还存在许多问题有待进一步解决和完善。

首先，已有的多类覆盖粗糙集模型对于目标集合的近似描述过于粗糙且稳定性不强。其原因是由于这些模型在建立时，对于元素与覆盖块之间的关系没有予以充分重视和深入分析，没能对覆盖所蕴涵的知识做进一步的挖掘。因此，如何从给定的覆盖中尽可能挖掘出更多的知识，是覆盖粗糙集研究中一个值得重视和需要探究的关键问题。

其次，将覆盖粗糙集与其他方法进行结合研究的工作还不够丰富，已有的一些相关研究也还存在不足之处需要改进。随着实际应用中数据的结构与类型愈加复杂化，用单一的方法已很难对这些数据进行有效处理，所以必须综合运用多种方法来共同解决问题。在覆盖粗糙集的扩展研究中，模糊集虽然已被许多学者引入覆盖粗糙集的研究中[32, 34~42]，但其他理论与方法还很少被用于此类探索。因此，在覆盖粗糙集与其他理论结合研究方面，还需要做更多深入和探索性的工作来加以丰富和完善。

最后，覆盖粗糙集的公理化研究还显得不足。众所周知，公理化对于一个理论体系的逻辑推理有着重要指导作用。Zhu 等最早对覆盖粗糙集的公理化展开了研究，并做了大量的工作。[28, 43~46]随后，Zhang 等[47]和 Liu 等[48]在 Zhu 的基础上又做了一些补充和完善。但由于覆盖的定义过于宽泛，而对其进行公理化的方法又过于单一，以及公理化研究本身就是一个循序渐进的过程，使得这方面的研究并不完整且很难继续往下进行，还有待进一步地完善和推进。因此，探究一些新的方法或手段来研究覆盖粗糙集的公理化，已成为覆盖粗糙集研究中一个亟待解决的关键问题。

随着现实应用中海量数据库在数量和规模上的不断增加和扩大，覆盖结构的数据也越来越多，从而对基于覆盖的数据处理技术产生更多的需求，提出了更大的挑战。研究覆盖粗糙集的关键技术将有助于突破覆盖粗糙集中存在的技术瓶颈，极大地促进和推广它在现实问题中的应用，带动其理论和应用更好地向前发展。

1.2 粗糙集与覆盖粗糙集的研究现状

粗糙集从 1982 年提出到现在已跨过了 30 年的时间，在这期间，粗糙集的研究地域从刚开始的只局限于东欧部分国家和地区，到现在已几乎传播到世界各国，经历了一个快速壮大的发展阶段。当然，除了研究地域的迅速扩大之外，粗糙集自身在理论与应用两方面的研究也都得到了极大的发展和丰富，出现了大量有意义的研究成果，被广泛地应用于人工智能、机器学习以及数据挖掘等众多领域，成为一种重要的处理不确定性问题的理论工具，并被列为世界上三个最重要的粒计算模型之一[49, 50]。

1.2.1 粗糙集的研究现状

1991 年，关于粗糙集理论的第一本专著《Rough Sets: Theoretical Aspects of Reasoning about Data》正式出版，揭开了粗糙集理论发展的新篇章，使粗糙集理论从此迅速走向世界，被世界各国学者所熟知。尤其是中国学者正是从这个时期开始认识粗糙集，并展开对粗糙集理论的广泛研究，逐渐形成了一支人数庞大且实力雄厚的粗糙集研究队伍，在国际粗糙集研究领域产生了重要的影响力。我国许多粗糙集研究方面的知名学者，如刘清、张文修、梁吉业、苗夺谦、祝峰、吴伟志以及王国胤等，基本上都是从这个时期开始进行粗糙集的研究，他们不仅做出了很多出色的工作，而且极大地推动了粗糙集理论在我国的传播和发展。此外，美国圣荷西州立大学的 T.Y. Lin 教授、加拿大里贾纳大学的 Y.Y. Yao 和姚静涛两位教授以及日本前桥工科大学钟宁教授等许多国外知名学者，也对我国粗糙集理论的研究和发展提供了积极的支持和帮助。

近几年来，粗糙集在国际学术界的影响力日益增强，有关粗糙集的国内外会议也越来越多。自从 1992 年在波兰召开“第一届国际粗糙集研讨会”以来，已陆续在世界各地定期召开了以粗糙集为主题的多个国际会议，如 RSCTC、RSFDGrC 和 RSKT，为粗糙集理论的广泛传播和交流提供了良好途径和氛围。在我国，从 2001 年开始每年都举办“中国粗糙集与软计算学术会议（CRSSC)”。2007 年，又召开了“中国 Web 智能学术研讨会（CWI)”和“中国粒计算学术研讨会（CGrC)”两个会议，成为国内三个有关粗糙集理论研究最重要的学术会议，对我国粗糙集理论的研究和发展起到了积极的推动作用。此外，一些国际重要学术期刊，如 Information Sciences、Transactions on Rough Set、International Journal of Approximation Reasoning、Knowledge-based System 等，也都大量刊登与粗糙集相关的论文，成为了解和传播粗糙集最新研究动态和成果的重要平台。

目前，国内外越来越多的学者已投入到粗糙集理论的研究中，做出了大量有价值的科研成果，使得有关粗糙集的各类文献数量大幅增加。通过对国际权威论文数据库 ScienceDirect 进行统计，从 2008 年到现在的近五年时间里，以“粗糙集”为主题的各类文献数目为 700 余条，而所有关于粗糙集的文献的总数为 1600 余条。而 IEEE 网络电子期刊数据库的统计结果表明，近五年刊登的有关粗糙集的文献数目为 2700 余条，而所有关于粗糙集的文献总数为 4800 余条。另外，在中国知网 CNKI 数据库中，这一统计结果分别为 5600 余条和 10 300 余条。由此可见，不论是在国外还是在国内，最近几年研究粗糙集的规模都在急剧扩大，尤其是在我国，这一趋势更加明显。在这些文献中，有许多是讨论粗糙集在现实问题中的应用方式，如利用粗糙集来对知识表达系统进行属性约简和特征提取等。其余的大部分文献则是侧重于粗糙集理论方面的研究，其内容主要包括以下四个方面：

（1）对粗糙集模型的直接推广。Pawlak 粗糙集是建立在论域划分基础上的，而划分又与论域上的等价关系一一对应，所以从二元关系的角度，也可以说粗糙集是建立在等级关系上的。由于划分和等价关系的约束过于苛刻，很难满足大量现实问题的实际需要，有许多学者都通过弱化划分或等价关系所要求的条件来扩展粗糙集理论。于是，就出现了将论域的划分扩展为覆盖，建立了覆盖粗糙集模型。[25]通过将等价关系中的条件弱化，建立了基于相容关系[21, 22]和基于相似关系[20]的粗糙集模型，以及更为一般的二元关系下的粗糙集模型[18, 51, 52]。还有学者根据属性值的偏好关系，提出了基于优势关系的粗糙集模型[23, 24]。

（2）将其他理论与方法引入粗糙集的研究中。大量实践证明，任何单一的理论和方法都很难独自解决所有的问题，甚至很难全面地反映和处理某一个问题。自从 Dubois 和 Prade[11]提出了粗糙模糊集和模糊粗糙集之后，便启发了许多学者进行这方面的研究。一方面，他们进一步地研究了粗糙集与模糊集之间更深层次的关系，将之应用到实际问题中并取得了很好的效果[36, 53~64]。另一方面，许多其他理论与方法被引入粗糙集的研究中以增强粗糙集的应用性，如概率论、证据理论、神经网络和遗传算法等[8, 65~76]；还有一些理论，如拓扑、布尔代数、概念格和拟阵论等，则被用于研究粗糙集的数学结构和性质，以期从中挖掘出粗糙集一些新的特性。[77~86]

（3）决策粗糙集的研究。决策粗糙集模型是由 Yao 在基于 Bayes 决策论的基础上最先提出的[65, 87~90]，与 Ziarko[91]基于包含度提出的变精度粗糙集不同的是，决策粗糙集模型是从概率的角度对粗糙集中的一些核心概念，如属性约简、正域、负域和边界域等，给出了更具语义的一般性解释，所以从某种意义上说，变精度粗糙集是决策粗糙集的一个特例[92]。决策粗糙集模型中的三支决策思想[93, 94]精确地反映了粗糙集的近似原理，对现实中的决策问题能给予更为合理的解释，从而被广泛应用于一些实际问题的解决中，并取得了很好的效果[95~99]。

（4）基于粗糙集的粒度计算模型。粒计算的思想是由 Zadeh 最先提出的[100]，他起初将其称为“Granular Mathematics”，后经 T.Y. Lin 的建议，Zadeh 将这种思想改称为粒计算（Granular Computing，简称 GrC）。虽然学术界对于粒计算还未能给出一个正式的、精确的、能够广泛接受的定义，但这并未影响粒计算在最近几年的快速发展。粗糙集作为三个最重要的粒计算模型之一，受到了许多学者的关注。T.Y. Lin[101~103]和 Y.Y. Yao[104~106]对基于粗糙集的粒度计算模型做了大量的前期探索工作，并对粒计算做了更清晰的阐释，推动了粒计算的研究与发展；Qian 等[107, 108]基于粗糙集提出了乐观多粒度粗糙集和悲观多粒度粗糙集；Qian 等[109~111]通过提出正向近似的概念，研究了动态粒度下的概念表示和决策表示，设计出了通用粗糙特征选择加速器，提高了特征选择的效率；Yang 在 Qian 研究工作的基础上，进一步提出了更具弹性的基于优势关系的乐观多粒度粗糙集模型和悲观多粒度粗糙集模型[112]。

粗糙集的快速发展，不仅培养了一大批优秀的科研人才，也极大地丰富了粗糙集理论的研究，拓广了粗糙集的应用领域。不过，粗糙集的研究虽然取得了不少辉煌成就，但还存在一些棘手的问题和面临许多严峻的挑战。特别是在粗糙集的应用方面，尽管粗糙集被广泛应用于机器学习和数据挖掘等众多领域，但与处理同类型问题的方法相比，其优势在很多情况下并不明显。要想改变这一状况，就需要从更深层次去找出问题存在的根本原因，并能寻求到一种巧妙的方法予以有效解决。因此，粗糙集的未来研究任重而道远，仍需要通过各国学者的不懈努力和群体的智慧来推动它进一步地向前发展。

1.2.2 覆盖粗糙集的研究现状

覆盖广义粗糙集是由 Zakowski[25]最先提出的，它将 Pawlak 粗糙集中论域上的划分推广为论域上的覆盖，并以此建立了一对粗糙近似运算。作为对粗糙集的一种直接拓广，覆盖粗糙集可适用于更多实际问题的数据处理工作。由于覆盖的定义较为宽泛，很难从中挖掘出更多的规律，所以有许多学者从不同的角度建立了多种基于覆盖的粗糙集模型。Pomykala 在 Zakowski 研究工作的基础上又提出了两对具有对偶性的近似算子[26]。Tsang 等[30]利用最小描述提出了一类新的覆盖粗糙集模型，Zhu 等[113]对这类模型的性质进行深入研究。Zhu 等[31]通过强化上、下近似之间的依赖性，提出了一类新的覆盖粗糙集模型。Zhu 等[45]和 Liu 等[48]分别利用邻域又提出了两类覆盖粗糙集模型。Qin 等[114]利用邻域建立了 5 对具有对偶性的覆盖粗糙上、下近似算子。此外，还有其他一些学者也都从不同角度定义了一些新的覆盖粗糙集模型[115~118]。

覆盖块的冗余问题是覆盖粗糙集研究中的一个重要内容。Zhu 等[28]首先对这个问题进行了阐述和研究，他们发现在一些覆盖粗糙集模型中，对于论域上的任意子集，基于不同的覆盖对其进行描述，却可以得到相同的上、下近似。在对这个现象进行深入分析后，他们提出了可约元的概念，并给出了覆盖约简的一套方法。该方法不仅完美地回答了这个问题，而且还意外地解决了覆盖粗糙集研究中的一些其他关键问题[28, 31, 43, 44, 113, 119~121]。此外，Zhu 等还对覆盖粗糙集的公理化做了大量工作[28, 43~46]，Zhang 等[47]和 Liu 等[48]在 Zhu 研究工作的基础上又分别做了一些补充和完善，解决了 Zhu 等提出的一些开放性问题。

Yao[18, 122]根据串行二元关系提出了后继邻域和前趋邻域，并在分别由这两种邻域构成的覆盖上研究了 Pomykala[26]提出的对偶近似运算。Huang 等[123]在覆盖约简的基础上，利用信息熵来研究知识和粗糙度的测度。Li[29]从拓扑的角度研究了覆盖粗糙集。Xu 等[117]研究了覆盖粗糙集的一些性质。Feng 等[37]研究了基于覆盖的粗糙模糊集。Xu 等[32]研究了覆盖粗糙集的模糊性，并提出一类覆盖粗糙模糊集。余美真等[124]提出了覆盖的相对约简概念，并通过实例说明相对约简与 William 所提出的覆盖约简之间的区别。孙士保等[125, 126]研究了变精度的覆盖粗糙集。巩增泰等[127]建立了基于覆盖关系的概率粗糙集模型，提出了该模型下的 Bayes 决策方法和应用实例。张倩倩等[128]建立了基于覆盖的粗糙 Vague 集模型。胡军等[42]通过对已有两种覆盖粗糙模糊集模型进行改进，提出了一种新的覆盖粗糙模糊集模型。汤建国等[129]利用集值映射研究双论域下的覆盖粗糙集。周圣意等[130]利用覆盖粗糙隶属函数建立了基于邻域隶属度的覆盖粗糙集模型。Zhu 等[119~121, 131]分别研究了四类覆盖粗糙集的性质。Tang 等[132, 133]通过深入分析元素和覆盖块之间的内在关系，提出了覆盖的细化，并在覆盖细化的基础上对多种覆盖粗糙集模型进行了比较分析。Tang 等[132]将软集和覆盖粗糙集相结合，提出了基于覆盖的软粗糙集。Wang 和 Zhu 等[83, 84, 134]利用拟阵研究了覆盖粗糙集的结构。Yao 等[34]通过总结已有的各种覆盖粗糙集模型，构建了关于一个覆盖的四种邻域、六个新覆盖和两个子系统，从而提出了一个基于覆盖的粗糙近似统一框架。Wang 等[135]研究了六类覆盖粗糙集模型之间的关系。Ge 等[136]对论域上的覆盖从拓扑的角度进行刻画，将四类覆盖粗糙集模型的上近似算子转化为拓扑中的闭包算子。

现实世界中覆盖数据的急剧增加，扩大了现实应用对处理此类型数据的技术需求，从而推动了覆盖粗糙集理论的快速发展。最近几年，国内外对于覆盖粗糙集的研究也逐渐趋热，出现了大量有关这方面的研究成果，为其日后的发展奠定了扎实基础。在覆盖粗糙集未来的研究中，对于覆盖数据的本质探索、覆盖粗糙集与其他理论的有机结合以及基于覆盖粗糙集的高效数据挖掘算法等，将是覆盖粗糙集研究中亟待突破的几个重要方面，这需要国内外学者对这些方面投入更多的关注和研究。

1.3 本书的主要内容和创新之处

本书针对覆盖粗糙集研究中存在的一些关键问题，展开了三个方面的研究工作。首先，针对已有几类覆盖粗糙模糊集模型中的不足，设计了一种新的覆盖粗糙模糊集模型。同时，将 Vague 集和软集分别与覆盖粗糙集相结合，提出了覆盖 Vague 集和基于覆盖的软粗糙集。其次，对一个覆盖所蕴涵的知识进行深入挖掘，提出了一种覆盖细化的思想。最后，将拟阵论引入粗糙集的研究中，建立了三种粗糙集的拟阵结构，为后续构建覆盖粗糙集的拟阵结构以及覆盖粗糙集公理化的研究工作打下了坚实基础。后续章节的内容大致如下：

第 2 章回顾了粗糙集和覆盖粗糙集中的一些基本知识，介绍了几类主要的覆盖粗糙集模型以及覆盖粗糙集中的约简理论，归纳整理了相关的一些覆盖粗糙集中的重要研究成果。

第 3 章分别利用模糊集、Vague 集和软集，构建了三个覆盖粗糙集的扩展模型。首先，通过深入分析已有三类覆盖粗糙模糊集模型存在的问题，提出了模糊覆盖粗糙隶属度，并在此基础上建立了一类新的覆盖粗糙模糊集模型。理论和统计实验结果均表明，这类新的覆盖粗糙模糊集与给定模糊集的贴近度均高于其他三类已有模型。其次，从覆盖粗糙集中上、下近似与论域中各元素之间关系存在的不确定性出发，构建了任意覆盖上给定集合的覆盖 Vague 集，从一种新的角度展现了论域中各元素与给定集合之间的从属关系。最后，通过深入分析软集的特征及其与覆盖之间的内在联系，提出了补参的概念，建立了软覆盖近似空间，并构造了基于覆盖的软粗糙集模型。

第 4 章从分析元素与覆盖中覆盖块之间的关系入手，探索从一个覆盖中挖掘出更多信息的方法。通过提出确定元素和不确定元素的概念，给出了覆盖细化的定义和实现覆盖细化的算法，探讨了覆盖细化与覆盖粗糙集中一些已有的重要概念之间的关系，研究了覆盖细化的一些基本性质，并讨论了覆盖细化前后，六种覆盖粗糙集模型的上、下近似的变化情况。

第 5 章将粗糙集与拟阵论相结合，从三个不同的角度出发，建立了三种粗糙集的拟阵结构。首先，将划分中的每个等价类分别转换为一个秩为 1 的均匀拟阵，再利用拟阵中的直和运算将它们结合成一个新的拟阵。在此基础上，用拟阵的方式等价刻画了粗糙集中的上、下近似等重要概念，建立了粗糙集的拟阵结构，发掘了粗糙集中一些新的性质。其次，通过剖析完全图与划分之间的关系，并根据图与拟阵之间的密切关系，建立了基于完全图的粗糙集拟阵结构。类似地，通过发掘圈与划分之间的内在联系，建立了基于圈的拟阵结构，从另外一种图的角度阐释了粗糙集与拟阵之间的密切联系。最后，基于完全图和圈的粗糙集拟阵结构之间的关系，证明了这两种不同的拟阵恰好为一组对偶拟阵。

第 6 章在拟阵近似空间下研究了粗糙集中的知识约简问题。通过分析知识表达系统中由属性值确定的对象之间的关系，定义了一种特殊的拟阵极小圈——二元圈。利用二元圈进一步建立了拟阵近似空间，并将知识表达系统直接转换为一族拟阵近似空间，从而在一个完全的拟阵环境中来刻画粗糙集知识约简理论。此外，利用拟阵中极小圈的一些特性，针对信息系统和决策系统分别设计了基于拟阵的属性约简算法和属性值的约简算法。

第 2 章 背景知识回顾

粗糙集理论为解决数据中的不确定性问题提供了一种有效方法，它通过一对精确的集合，即下近似和上近似，来对不确定的目标集合进行确定的近似描述。在经典粗糙集理论中，知识是建立在等价关系基础上论域的划分，以此建立的计算模型不仅易于理解和计算，形式化也非常简洁。但在许多现实问题中，划分无法准确地表达出实际的知识，大量的知识是以覆盖的形式存在。于是，许多学者开始将经典粗糙集中的划分推广为更为一般的覆盖，建立了覆盖粗糙集理论，在理论和应用两个层面上都对粗糙集进行了丰富和促进。本章将对粗糙集理论和覆盖粗糙集理论的基本知识进行回顾，并对目前几种主要的覆盖粗糙集模型进行介绍和评述。

2.1 粗糙集理论

本节将介绍粗糙集理论中的一些基本概念，如近似空间、不可分辨关系、上近似和下近似等，并阐述这些概念之间的关系以及它们具备的一些性质。相关内容可参考文献[10]、[137]、[138]。

2.1.1 基本概念

定义 2.1 (近似空间) 设 U 是一个非空有限集合，称为论域，$\boldsymbol{R}$ 是 U 上一簇等价关系。称序对 $S=(U, \boldsymbol{R})$为一个近似空间或知识库。

对于一个近似空间$(U, \boldsymbol{R})$来说，$\boldsymbol{R}$ 中的任意一个等价关系 R 都可以将论域 U 分成若干个互不相交的非空子集，并且这些子集的并等于 U，我们将由 R 得到的这些子集形成的集合称为论域 U 上的一个划分，记为 U/R。此时，称 U/R 中的任意集合为论域 U 上一个关于 R 的等价类。

在粗糙集中，U 的任意一个子集被称为是一个概念或者范畴，若干个概念的集合称为一个知识。因此，在近似空间$(U, \boldsymbol{R})$中，$\boldsymbol{R}$ 中的任意一个等价关系 R 对论域 U 的划分都可以看成是 U 上的一个知识，划分中的每个等价类则可以看做这个知识的一个概念或者范畴。

定义 2.2 (不可分辨关系) 设 $S=(U, \boldsymbol{R})$是一个近似空间，$\boldsymbol{P}\subseteq \boldsymbol{R}$ 是一个非空子集。则称 $IND(\boldsymbol{P})$是 $\boldsymbol{P}$ 上的不可分辨关系，如果

$$IND(\boldsymbol{P})=\{(x, y)\in U\times U : \forall R\in P, (x, y)\in R\} \tag{2-1}$$

不可分辨关系 $IND(\boldsymbol{P})$可以理解为 $\boldsymbol{P}$ 中所有等价关系的交集。因此，$IND(\boldsymbol{P})$仍然是一个等价关系，其对论域的划分可以看成是 $\boldsymbol{P}$ 中所有等价关系对论域的划分的交集，即

$$U/IND(\boldsymbol{P})=\{[x]_{IND(\boldsymbol{P})}: x\in U\} \tag{2-2}$$

这里，$[x]_{IND(\boldsymbol{P})}=\cap\{[x]_R : R\in \boldsymbol{P}\}$，其中$[x]_R$表示由等价关系$R$确定的划分中包含元素$x$的等价类，即$[x]_R=\{y\in U:(x,y)\in R\}$。

在近似空间$S=(U,\boldsymbol{R})$中，对于$\boldsymbol{R}$中的任意一个等价关系R，U/R被称为是$\boldsymbol{R}$中的一个初等知识，其中的每个等价类被称为是一个关于R的初等概念或初等范畴；对于任意一个非空子集$\boldsymbol{P}\subseteq\boldsymbol{R}$，$U/IND(\boldsymbol{P})$被称为是$S$中关于$U$的$\boldsymbol{P}$-基本知识，其中的每个等价类被称为是一个关于$\boldsymbol{P}$的基本概念或基本范畴。

定义 2.3 (下近似、上近似)　设$S=(U,\boldsymbol{R})$是一个近似空间，$X\subseteq U$，R是S中的一个不可分辨关系。则称$\underline{R}(X)$和$\overline{R}(X)$为X关于R的下近似和上近似，如果

$$\underline{R}(X)=\cup\{T\in U/R : T\subseteq X\} \tag{2-3}$$

$$\overline{R}(X)=\cup\{T\in U/R : T\cap X\neq\varnothing\} \tag{2-4}$$

对于论域U上的任意一个子集X，如果$\underline{R}(X)=\overline{R}(X)$，则称$X$是论域$U$上的$R$-精确集或$R$-可定义集；否则，如果$\underline{R}(X)\neq\overline{R}(X)$，则称$X$是论域$U$上的$R$-粗糙集或者$R$-不可定义集。

显然，$\underline{R}(X)$是包含于X中的一个最大的可定义集，而$\overline{R}(X)$则是包含X的一个最小的可定义集。

在上、下近似的基础上，可分别定义X的正域$Pos(X)$、边界域$Bn(X)$和负域$Neg(X)$为

$$Pos(X)=\underline{R}(X) \tag{2-5}$$

$$Bn(X)=\overline{R}(X)-\underline{R}(X) \tag{2-6}$$

$$Neg(X)=U-\overline{R}(X) \tag{2-7}$$

容易发现，正域、负域和边界域都是可定义集。对于论域U上的任意子集X，如果X是一个粗糙集，那么它可以表示为一个可定义集和一个不可定义集的并集，其中可定义集即为X的下近似，而不可定义集的上近似即为X的边界域。X的相关概念之间的关系，可通过图 1-1 来理解。

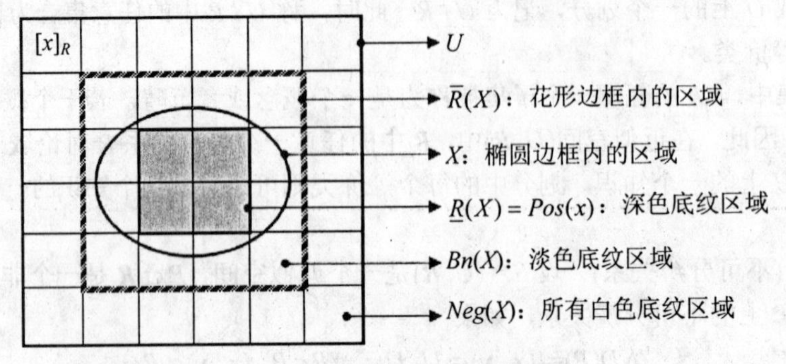

图 1-1　X的相关概念关系图

在图 1-1 中，每个小方格表示论域U关于R的划分中的一个等价类；X的下近似是所有包含在X中的等价类组成的区域；X的上近似是所有与X有非空交集的等价类组成

的区域；X 的边界域是介于下近似和上近似之间的环形区域，它是包含 $X-\underline{R}(X)$ 的一个最小可定义集；X 的负域则是上近似之外的所有区域，它是与 X 交集为空的一个最大可定义集。

2.1.2 粗糙集近似算子的性质

在近似空间 $S=(U,\boldsymbol{R})$中，对于 S 中的任意一个不可分辨关系 R，都可以得到 U 上的一个划分 U/R，即一个由 R 确定的知识。利用这个知识可以对论域 U 上的任意一个子集 X 求得其上近似和下近似来近似地刻画 X。作为粗糙集中两个最为核心的概念，上、下近似之间的关系也是粗糙集研究中的一个重要方面。下面将介绍粗糙集中上近似和下近似具有的一些基本性质。

定理 2.1 设 $S=(U,\boldsymbol{R})$是一个近似空间，R 是 S 中的一个不可分辨关系，X 和 Y 是论域 U 上的两个子集。则 X 和 Y 关于 R 的上、下近似满足下列性质[28, 137]，如表 2-1 所示。

表 2-1

(1L)	$\underline{R}(\varnothing)=\varnothing$	下近似正规性
(1H)	$\overline{R}(\varnothing)=\varnothing$	上近似正规性
(2L)	$\underline{R}(U)=U$	下近似余正规性
(2H)	$\overline{R}(U)=U$	上近似余正规性
(3L)	$\underline{R}(X)\subseteq X$	下近似收缩性
(3H)	$X\subseteq\overline{R}(X)$	上近似扩张性
(4L)	$\underline{R}(X\cap Y)=\underline{R}(X)\cap\underline{R}(Y)$	下近似可乘性
(4H)	$\overline{R}(X\cup Y)=\overline{R}(X)\cup\overline{R}(Y)$	上近似可加性
(5L)	$\underline{R}(\underline{R}(X))=\underline{R}(X)$	下近似的幂等性
(5H)	$\overline{R}(\overline{R}(X))=\overline{R}(X)$	上近似的幂等性
(6LH)	$\underline{R}(\sim X)=\sim\overline{R}(X)$，$\overline{R}(\sim X)=\sim\underline{R}(X)$	上、下近似的对偶性
(7L)	$X\subseteq Y\Rightarrow\underline{R}(X)\subseteq\underline{R}(Y)$	下近似的单调性
(7H)	$X\subseteq Y\Rightarrow\overline{R}(X)\subseteq\overline{R}(Y)$	上近似的单调性
(8L)	$\underline{R}(\sim\underline{R}(X))=\sim\underline{R}(X)$	下近似的关联性
(8H)	$\overline{R}(\sim\overline{R}(X))=\sim\overline{R}(X)$	上近似的关联性
(9L)	$\forall T\in U/R$，$\underline{R}(T)=T$	下近似的颗粒性
(9H)	$\forall T\in U/R$，$\overline{R}(T)=T$	上近似的颗粒性

注：符号“~”表示对其后面集合求补集。

许多学者对粗糙集近似算子的公理化进行深入研究，文献[139]和文献[140]所做的有关粗糙集近似算子的公理化结果表明，在表 2-1 所列的性质中，(3L)、(4L)和(8L)三个性质是下近似的特征性质，(3H)、(4H)和(8H)三个性质是上近似的特征性质。

2.2 覆盖粗糙集理论

覆盖粗糙集是经典粗糙集的一个重要扩展，随着现实应用中具有覆盖结构的数据不断增多，覆盖粗糙集也逐渐成为国内外学术界的一个研究热点。下面将介绍一些覆盖粗糙集的基本知识以及几种主要的覆盖粗糙集模型。

2.2.1 基本概念

本小节主要介绍覆盖粗糙集的一些基本概念，如覆盖、最小描述、邻域以及基于覆盖的粗糙集上近似和下近似等。相关内容可参考文献[25]、[28]、[46]、[49]、[141]、[142]。

定义 2.4 (覆盖、覆盖近似空间) 设 U 是一个论域，C 是 U 的一个子集族。如果 $\varnothing \notin C$ 且 $\cup C = U$，则称 C 是 U 的一个覆盖；称有序对 (U, C) 为覆盖近似空间。

相对于粗糙集中的划分而言，覆盖允许其所包含的覆盖块之间存在不为空的交集，而划分中不同等价类之间的交集恒为空。

定义 2.5 (最小描述) 设 (U, C) 为一个覆盖近似空间，$x \in U$。称 $Md(x) = \{K \in C : x \in K \wedge (\forall S \in C \wedge x \in S \wedge S \subseteq K \Rightarrow K = S)\}$ 为 x 的最小描述。

简单来说，x 的最小描述就是指 C 中所有包含 x 的极小集合形成的集族，这里所谓的极小集合指的是覆盖中不再有其他覆盖块是其子集的集合。

例如：给定一个论域 $U = \{a, b, c, d\}$，$K_1 = \{a, b\}$，$K_2 = \{b, c\}$，$K_3 = \{b, c, d\}$，$C = \{K_1, K_2, K_3\}$ 是 U 的一个覆盖。则 b 的最小描述为 $Md(b) = \{K_1, K_2\}$。因为 K_1、K_2、K_3 虽然都包含有 b，但是 K_2 是 K_3 的子集，即 K_3 不是一个包含 x 的最小集合，所以 K_3 不属于 b 的最小描述。

定义 2.6 (覆盖下近似、上近似、边界域) 设 (U, C) 为一个覆盖近似空间，$X \subseteq U$。则有如下一些定义：

集族 $C_*(X) = \{K \in C : K \subseteq X\}$ 称为 X 的覆盖下近似集族；

集合 $X_* = \cup C_*(X) = \cup\{K \in C : K \subseteq X\}$ 称为 X 关于 C 的下近似；

集合 $Bn(X) = X - X_*$ 称为 X 的覆盖边界域；

集族 $C_{\cdot}(X) = \cup\{Md(x) : x \in Bn(X)\}$ 称为覆盖边界近似集族；

集族 $C^*(X) = C_*(X) \cup C_{\cdot}(X)$ 称为 X 的覆盖上近似集族；

集合 $X^* = \cup C^*(X) = \cup(C_*(X) \cup (\cup\{Md(x) : x \in X - X_*\}))$ 称为 X 关于 C 的上近似；

当 $C_*(X) = C^*(X)$ 时，称 X 关于 C 是可定义的，否则称 X 关于 C 是不可定义的。

定义 2.7 (友元、密友元) 设 (U, C) 为一个覆盖近似空间，$x \in U$。则称 $\cup\{K : x \in K \wedge K \in C\}$ 为 x 的友元，记为 $Friends(x)$；称 $\cup\{K : x \in K \wedge K \in Md(x)\}$ 为 x 的密友元，记为 $CFriends(x)$。

定义 2.8 (邻域) 设 (U, C) 为一个覆盖近似空间，$x \in U$。称 $Neighbor(x) = \cap\{K \in C : x \in K\}$ 为 x 的邻域。为了简单起见，也常将 x 的邻域记为 $N(x)$。

定义 2.9 (单一覆盖) 设(U, C)为一个覆盖近似空间。如果对于任意的 $x \in U$，都有 $|Md(x)| = 1$，则称 C 为单一覆盖。

从上述的定义可知，如果 C 是单一覆盖，则对于任意的 $x \in U$，其最小描述中的元素个数为 1。

定义 2.10 (点点盖住的覆盖) 设 C 是论域 U 的一个覆盖，$x \in U$。对任意的 $K \in C$，如果 $x \in K$，都有 $K \in \cup Md(x)$，则称 C 是点点盖住的覆盖。

C 是点点盖住的覆盖，则说明$\forall x \in U$，覆盖 C 中所有包含 x 的集合之间相互不为子集。

2.2.2 覆盖近似算子的性质

本小节将介绍定义 2.6 中的覆盖上、下近似算子所具有的一些基本性质。相关内容可参考文献[28]、[120]、[143]。

定理 2.2 设(U, C)为一个覆盖近似空间，X 和 Y 是 U 上的两个子集。则覆盖上、下近似满足如下性质，如表 2-2 所示。

表 2-2

(1L)	$\varnothing_* = \varnothing$	下近似正规性
(1H)	$\varnothing^* = \varnothing$	上近似正规性
(2L)	$U_* = U$	下近似余正规性
(2H)	$U^* = U$	上近似余正规性
(3L)	$X_* \subseteq X$	下近似收缩性
(3H)	$X \subseteq X^*$	上近似扩张性
(5L)	$(X_*)_* = X_*$	下近似的幂等性
(5H)	$(X^*)^* = X^*$	上近似的幂等性
(7L)	$X \subseteq Y \Rightarrow X_* \subseteq Y_*$	下近似的单调性
(9L)	$\forall T \in U/R$，$\underline{R}(T) = T$	下近似的颗粒性
(9H)	$\forall T \in U/R$，$\overline{R}(T) = T$	上近似的颗粒性

一般来说，覆盖上、下近似不满足如下性质，如表 2-3 所示。

表 2-3

(4L)	$\underline{R}(X \cap Y) = \underline{R}(X) \cap \underline{R}(Y)$	下近似可乘性
(4H)	$\overline{R}(X \cup Y) = \overline{R}(X) \cup \overline{R}(Y)$	上近似可加性
(6LH)	$\underline{R}(\sim X) = \sim \overline{R}(X)$，$\overline{R}(\sim X) = \sim \underline{R}(X)$	上、下近似的对偶性
(7H)	$X \subseteq Y \Rightarrow \overline{R}(X) \subseteq \overline{R}(Y)$	上近似的单调性
(8L)	$\underline{R}(\sim \underline{R}(X)) = \sim \underline{R}(X)$	下近似的关联性
(8H)	$\overline{R}(\sim \overline{R}(X)) = \sim \overline{R}(X)$	上近似的关联性

为了确定表 2-3 中六个性质在什么条件下才会成立，文献[120]对此进行了详细的讨论并给出了相关证明，进一步完善了覆盖粗糙集上、下近似的性质。

2.2.3 几类主要的覆盖粗糙集模型

覆盖是比划分更为一般的概念，我们很难从中找出一些特别的规律，这也使得覆盖粗糙集所涉及的问题要比经典粗糙集的复杂得多。因此，自从覆盖粗糙集被提出之后，便有许多学者对此进行了广泛的研究，建立了多类不同的覆盖粗糙集模型，为实际问题的解决提供了更多可选的解决方案。本小节将介绍几类常见的覆盖粗糙集模型。

2.2.3.1 模型

通常，将定义 2.6 中的 X_*和 X^*作为第一类覆盖粗糙集模型的下、上近似。用 $X_{\%}$、$X_{\#}$、$X_{@}$和 X_+分别表示第二类、第三类、第四类和第五类覆盖粗糙集模型的下近似。这四类覆盖下近似都和 X_*相同，即 $X_* = X_{\%} = X_{\#} = X_{@} = X_+ = \cup\{K \in C : K \subseteq X\}$，下面分别介绍这四类覆盖粗糙集模型的上近似。

定义 2.11 (第二、三、四、五类覆盖上近似)　设(U, C)为一个覆盖近似空间，$X \subseteq U$。定义第二、三、四、五类覆盖上近似如下：

$X^{\%} = \cup\{K \in C : K \cap X \neq \varnothing\}$为 X 关于 C 的第二类覆盖上近似[26]；

$X^{\#} = \cup\{Md(x) : x \in X\}$为 X 关于 C 的第三类覆盖上近似[30]；

$X^{@} = X_{@} \cup \{K \in C : K \cap (X - X_{@}) \neq \varnothing\}$为 X 关于 C 的第四类覆盖上近似[31]；

$X^{+} = X_{+} \cup \{N(x) : x \in X - X_{+}\}$为 X 关于 C 的第五类覆盖上近似[45]。

定义 2.12 (第六类覆盖下、上近似[48])　设(U, C)为一个覆盖近似空间，$X \subseteq U$。定义 X 关于 C 的第六类覆盖下近似 $X_{\$}$和上近似 $X^{\$}$分别为

$$X_{\$} = \{x : N(x) \subseteq X\} \tag{2-8}$$

$$X^{\$} = \{x : N(x) \cap X \neq \varnothing\} \tag{2-9}$$

上述是对六类覆盖粗糙集模型基本概念的介绍，这些模型都是在经典粗糙集模型的基础上，结合覆盖中的一些主要概念，如最小描述、邻域等，以不同的方式建立起来的。其中，前五类覆盖下近似不仅完全相同，而且在形式上与经典粗糙集的下近似非常相似，所不同的是前者以覆盖为基础，而后者则是划分。值得一提的是，六类覆盖上近似都有各自不同的定义，这暗示了在覆盖粗糙集中，覆盖上近似的确定存在很大的选择空间。

2.2.3.2 模型间的关系

针对上述六类不同的覆盖粗糙集模型，Zhu 等[31, 142, 144, 145]详细讨论了它们之间的关系。下面将相关的主要结论列出：

六类覆盖下近似之间的关系为：$X_* = X_{\%} = X_{\#} = X_{@} = X_+ \subseteq X_{\$}$。

相对于覆盖下近似来说，六类覆盖上近似之间的关系就显得较为复杂，具体如下：

(1) $X^{\$} \subseteq X^* \subseteq X^{\#} \subseteq X^{\%}$；

(2) $X^{\$} \subseteq X^* \subseteq X^{@} \subseteq X^{\%}$；

(3) $X^{\#}$和 $X^{@}$之间没有普遍包含关系；

（4）$X^* = X^{\%}$当且仅当覆盖 C 是论域 U 的一个划分；

（5）$X^* = X^{\#}$当且仅当覆盖 C 是单一的；

（6）$X^* = X^{@}$当且仅当覆盖 C 满足：$\forall x \in U$，如果$\{x\} \notin C$，那么$\forall K \in C$ 和 $x \in K$，有 $K \subseteq \cup Md(x)$；

（7）$X^{\%} = X^{\#}$当且仅当覆盖 C 是点点盖住的；

（8）$X^{\%} = X^{@}$当且仅当覆盖 C 是论域 U 上的一个划分；

（9）$X^{\#} = X^{@}$当且仅当覆盖 C 满足：对于覆盖 C 中的任意两个覆盖块 K_1 和 K_2，$K_1 \neq K_2$，$x \in K_1 \cap K_2$，都有$\{x\} \in C$；

（10）当 $N(x) \cap X \neq \varnothing$时，$X^{@} \subseteq X^{\%}$。

对于后五类覆盖粗糙集模型的性质，文献[28]、[31]、[45]、[46]、[131]分别有深入的分析和研究，此处不再另述。

2.2.4 覆盖的约简

Pawlak 粗糙集是建立在约束条件很强的划分的基础上的，而覆盖的定义则对覆盖块的约束非常弱，仅要求所有覆盖块非空且并集等于论域。这使得覆盖中常常存在一些冗余数据，造成不同的覆盖却能产生完全相同的覆盖上、下近似。于是，如何找出并去除这些冗余数据，成为覆盖粗糙集研究中一个迫切需要解决的关键问题。祝峰教授首先对这个问题进行了深入的研究分析[28]，并得出了非常有价值的研究结果。相关内容可以参考文献[28]、[43]、[46]、[146]。

定义 2.13 (可约元、不可约元) 设(U, C)为一个覆盖近似空间，$K \in C$。如果 K 可以表示成 $C - \{K\}$中若干个元的并，则称 K 是 C 的一个可约元。否则，称 K 是 C 一个不可约元。

定义 2.14 设(U, C)为一个覆盖近似空间。如果 C 中任意一个元都是不可约元，则称 C 是约简的。否则，称 C 是可约的。

由上述两个概念，得出下面两个命题：

命题 2.1 设(U, C)为一个覆盖近似空间。如果 K 是 C 的可约元，则 $C - \{K\}$仍是 U 的覆盖。

命题 2.2 设(U, C)为一个覆盖近似空间，$K \in C$ 是一个可约元。对于任意的 $K_1 \in C - \{K\}$，K_1 是 C 的一个可约元当且仅当它是 $C - \{K\}$的可约元。

定义 2.15 (覆盖的约简) 对于 U 的一个覆盖 C，通过命题 2.1 和命题 2.2 的约简化后，得到 U 上的一个新覆盖，称其为 C 的约简，并记为 $reduct(C)$。

通过对一个覆盖进行约简处理后，可以得到一个最小覆盖(即覆盖的约简)，并且这个最小覆盖与原覆盖能够产生相同的覆盖上、下近似。覆盖约简方法的提出，不仅能有效地找出和去除覆盖中的冗余数据，而且很好地解答了在何种情况下同一论域上的不同覆盖能够产生相同的覆盖上、下近似这一关键问题，极大地推动了覆盖粗糙集理论及其应用研究的发展。

2.3 本 章 小 结

覆盖粗糙集是经典粗糙集的一种推广形式，与经典粗糙集相比，它对问题的描述和处理更符合现实情况。随着最近几年越来越多的学者开始对覆盖广义粗糙集进行广泛的研究，出现了很多有意义的研究成果，极大地促进了覆盖粗糙集理论的发展及应用。本章主要介绍了粗糙集和覆盖粗糙集的一些基本知识，罗列了几类常见的覆盖粗糙集模型，并对这些模型之间的关系作了梳理。此外，本章还对覆盖粗糙集的约简方法作了介绍，分析和讨论了覆盖约简方法的主要目的和其对覆盖粗糙集发展所起的积极作用。

第 3 章 覆盖粗糙集的扩展

3.1 引 言

知识的不确定性是人工智能和数据挖掘等众多领域在数据处理中必须面对的一个重要问题。造成不确定性的原因是多方面的，其中既包括人类对事物的认知能力有限和不同偏好等主观内在因素，又包括数据自身的不完整和含糊性等客观外部因素，以及一些尚且未知的因素。所以在许多情况下，人们对事物的描述都具有一定的模糊性，甚至在对问题的逻辑推理过程中都融入了模糊的思维方式。

在人类社会逐渐进入信息智能化时代的背景下，对不确定性问题的研究也随之得到更加广泛的关注和探索，出现了许多处理不确定性问题的理论和方法，如模糊集、粗糙集、Vague 集以及软集等。这些理论通过不同的角度和不同的方式对不确定性问题进行了描述和处理，在展现各自独特性能的同时，也暴露出了各自在与其他方法相比时存在的不足之处。人们逐渐意识到，任何单一的理论和方法都很难独自解决所有的问题，甚至很难全面地反映和处理任意单个问题。因此，将这些理论和方法结合起来，互取所长，互补所短，已经成为各国学者的一种研究共识。

自从 Pawlak 提出粗糙集以来，围绕其展开的扩展性研究就一直没有停止过，不断有学者将粗糙集与其他理论和方法结合起来研究，并在理论和应用方面均取得了令人振奋的成果。如 Dubois 和 Prade[11]将粗糙集和模糊集结合起来，创造性地提出了粗糙模糊集和模糊粗糙集，一方面推动了将经典粗糙集与其他理论相结合的研究，出现了诸如概率粗糙集、变精度粗糙集、软粗糙集和直觉模糊粗糙集等研究成果[20, 52, 53, 67, 89~91, 93, 147~152]；另一方面，它也启发了很多学者去将广义粗糙集和其他理论进行结合研究，如基于相容关系的模糊粗糙集、软模糊粗糙集、直觉模糊粗糙集和变精度模糊粗糙集等[38, 58, 62, 66, 153~159]。

作为一种重要的广义粗糙集，覆盖粗糙集与其他理论之间的关系也被许多学者进行了深入探讨。如 Zhu 等[35]基于不可分辨邻域提出了一类覆盖模糊粗糙集；魏莱等[40] 在元素最小描述并集的基础上探讨了覆盖粗糙集与模糊集的结合，提出了一种覆盖粗糙模糊集模型；徐忠印等[160]则是在元素最小描述交集的基础上来研究两者的结合；胡军等[42]利用规则的置信度改进了魏莱和徐忠印等的工作，建立了一种新的覆盖粗糙模糊集模型；徐伟华等[39]利用 Hamming 和 Euclidean 距离函数，研究了覆盖广义粗糙集的模糊性问题；Feng 等[37] 利用模糊集中α截集与支集的概念，定义了一种覆盖粗糙模糊集；张植明等[161]将直觉模糊粗糙集与覆盖粗糙集结合，提出了一种基于直觉模糊覆盖的直觉模糊粗糙集模型；Deng 等[162] 在模糊覆盖和二元模糊逻辑算子的基础上，研究了广义模糊粗糙集，并对广义模糊粗糙集和经典模糊粗糙集进行了比较；Zhu[35] 提出一种新的覆盖模糊粗糙集，并对它的性质进行深入分析和研究；Zhang 等[38] 在模糊覆盖的基础上研究了变精度模糊粗糙集。Zhu 等[45]将拓扑理论与覆盖粗糙集结合，研究了覆盖上、下近似算子的拓扑性质，并建立了这两个算子的公理化系统；Tang 等[132]将软集和覆盖粗糙集结合起来，提出了基于覆盖的软粗糙集；Wang[134]等讨论了拟阵理论和覆盖粗糙集之间的关系，建立了覆盖粗糙集的横贯拟阵结构；还有许多学者也将覆盖粗糙集、模糊集和格等理论结合起来研究[29, 38, 45, 115, 146, 163~165]，极大地丰富了覆盖粗糙集理论及其应用的研究与发展。

虽然有关覆盖粗糙集的扩展研究已取得了成果，但仍有许多工作有待进一步完善和探索。本章首先分析了三类常见的覆盖粗糙模糊集模型及其存在的不足，探究了造成这些不足的深层原因，从而提出了模糊覆盖粗糙隶属度的概念，并在此基础上建立了一类新的覆盖粗糙模糊集模型，理论和统计实验的比较结果显示，这类新的覆盖粗糙模糊集模型有效地解决了之前三类覆盖粗糙模糊集模型中存在的问题。其次，将覆盖粗糙集和 Vague 集相结合，从覆盖粗糙集中上、下近似与论域中各元素之间关系存在的不确定性出发，构建了任意覆盖上给定集合的覆盖 Vague 集，从一种新的角度展现了论域中各元素与给定集合之间的从属关系。同时，还对覆盖 Vague 集与覆盖粗糙集中的一些重要概念之间的关系进行了讨论，为我们用覆盖 Vague 集的观点去更好地理解和研究覆盖粗糙集提供了理论依据。最后，研究了覆盖粗糙集和软集之间的关系，建立了基于覆盖的软粗糙集，讨论了覆盖近似空间与软覆盖近似空间的联系，并探究了软覆盖近似空间中冗余数据的约简问题。

3.2 覆盖粗糙集与模糊集

粗糙集和模糊集之间有着很强的互补性。粗糙集在处理不确定性问题时，不需要任何数据之外的先验知识，具有较强的客观性，而模糊集则往往需要类似专家经验等先验知识，主观性较强。这些特点同样存在于覆盖粗糙集与模糊集之间，并且已有学者正在做将两者结合起来的研究工作。本节讨论了三类已有的覆盖粗糙模糊集模型，在对其存在的不足进行深入分析的基础上，提出了一类新的覆盖粗糙模糊集模型。

3.2.1 模糊集基础知识

为了便于理解本节的研究内容，本小节将介绍一些有关模糊集的基本概念。

定义 3.1 (模糊集、模糊幂集)[9] 设 U 是一个论域，$x\in U$，U 上的一个映射 $\mu_A:U\to[0,1]$，$x\mapsto\mu_A(x)$。则称 μ_A 确定了 U 上的一个模糊子集，记为 A。μ_A 称为模糊子集 A 的隶属函数，$\mu_A(x)$ 称为 x 对 A 的隶属度。为方便起见，通常将模糊子集简称为模糊集。称 U 上的模糊子集的全体为模糊幂集，记为 $F(U)$。

从模糊集的定义可以发现，它将集合论中元素的特征函数的值域从集合$\{0, 1\}$拓展为闭区间$[0, 1]$，从而能够更为灵活的反映现实事物中对象与类之间的关系。此外，从模糊幂集的概念很容易看出，论域 U 上的幂集是模糊幂集的真子集，即 $2^U\subset F(U)$。

定义 3.2 (核与支集)[9] 设 $A\in F(U)$。称 $A_1=\{x\in U: \mu_A(x)=1\}$为 A 的核，称 $A_0=\{x\in U:$

$\mu_A(x)>0\}$为 A 的支集。

定义 3.3 (Hamming 贴近度)[166] 设 U 是一个论域，$A, B \in F(U)$，D_H: $F(U)\times F(U)\to[0,1]$。则称

$$D_H(A,B)=1-\frac{1}{n}\sum_{i=1}^{n}|\mu_A(x_i)-\mu_B(x_i)| \tag{3-1}$$

为模糊集 A 与模糊集 B 的 Hamming 贴近度。

Hamming 贴近度是用来度量两个模糊集接近程度的数量指标，其值越大，表明两个模糊集的接近程度越高；反之，则越低。特别地，一个模糊集与其自身的接近程度最大，而一个分明集与其补集的接近程度最小。

3.2.2 三类覆盖粗糙模糊集模型

最小描述是覆盖粗糙集中一个重要的概念，在已有的覆盖粗糙集模型中，有多类模型都是基于最小描述建立的。本小节讨论的三类常见覆盖粗糙模糊集中，就有两类也是利用最小描述来建立。下面介绍这三类模型的基本定义。

定义 3.4 (第一类覆盖粗糙模糊集[40]) 设(U, C)是一个覆盖近似空间，$A\in F(U)$。则 A 关于覆盖近似空间(U, C)的下近似隶属函数和上近似隶属函数分别为

$$\mu_{\underline{CF}(A)}(x)=\inf\{\mu_A(y):y\in\bigcup Md(x)\} \tag{3-2}$$

$$\mu_{\overline{CF}(A)}(x)=\sup\{\mu_A(y):y\in\bigcup Md(x)\} \tag{3-3}$$

称$(\underline{CF}(A),\overline{CF}(A))$为 A 关于覆盖 C 的第一类覆盖粗糙模糊集。

这类模型在确定 x 的上、下近似隶属度时，是通过先求出 x 的最小描述，然后再找出这个最小描述并集中的最小和最大隶属度，分别作为 x 的下、上近似隶属度，从而求得关于 A 的一对近似模糊集。

定义 3.5 (第二类覆盖粗糙模糊集[160]) 设(U, C)是一个覆盖近似空间，$A\in F(U)$。则 A 关于覆盖近似空间(U, C)的下近似隶属函数和上近似隶属函数分别为

$$\mu_{\underline{CS}(A)}(x)=\inf\{\mu_A(y):y\in\bigcap Md(x)\} \tag{3-4}$$

$$\mu_{\overline{CS}(A)}(x)=\sup\{\mu_A(y):y\in\bigcap Md(x)\} \tag{3-5}$$

称$(\underline{CS}(A),\overline{CS}(A))$为 A 关于覆盖 C 的第二类覆盖粗糙模糊集。

与第一类覆盖粗糙模糊集模型不同的是，第二类模型是在 x 最小描述的交集中找出最小和最大的隶属度，分别作为 x 的下、上近似隶属度，从而求得关于 A 的一对近似模糊集。

定义 3.6 (第三类覆盖粗糙模糊集[42]) 设(U, C)是一个覆盖近似空间，$A\in F(U)$。则 A 关于覆盖近似空间(U, C)的下近似隶属函数和上近似隶属函数分别为

$$\mu_{\underline{CT}(A)}(x)=\sup_{K\in Md(x)}\{\inf_{y\in K}\{\mu_A(y)\}\} \tag{3-6}$$

$$\mu_{\overline{CT}(A)}(x)=\inf_{K\in Md(x)}\{\sup_{y\in K}\{\mu_A(y)\}\} \tag{3-7}$$

称 $(\underline{CT}(A),\overline{CT}(A))$ 为 A 关于覆盖 C 的第三类覆盖粗糙模糊集。

第三类模型在求 x 的上、下近似隶属度时都分别综合运用了 sup 和 inf 算子。首先通过内层 inf (sup)算子求得由 x 最小描述的各覆盖块中的最小(最大)隶属度组成的集合，然后再从该集合中选出最大(最小)的一个隶属度作为 x 的下近似(上近似)隶属度，从而求得关于 A 的一对近似模糊集。

3.2.3 三类覆盖粗糙模糊集存在的不足

从 3.2.2 节介绍的三类覆盖粗糙模糊集的定义可知，对于论域中任意一个元素 x，在第一类覆盖粗糙模糊集模型中，x 的下近似隶属度是由 x 的最小描述并集中元素的最小隶属度来确定，而与其他非最小隶属度无关；x 的上近似隶属度则是由 x 的最小描述并集中元素的最大隶属度来确定，而与其他非最大隶属度无关。第二类与第一类较为类似，所不同的是它将第一类中关注的对象从最小描述的并集转为最小描述的交集，即：x 的下近似隶属度是由 x 的最小描述交集中元素的最小隶属度来确定，而 x 的上近似隶属度则是由 x 的最小描述并集、交集中元素的最大隶属度来确定。在第三类覆盖粗糙模糊集模型中，通过先求出 x 最小描述的各集合中元素的最小隶属度，然后将这些最小的隶属度中最大的那个隶属度作为 x 的下近似隶属度。类似地，通过先求出 x 最小描述的各集合中元素的最大隶属度，然后将其中最小的那个隶属度作为 x 的上近似隶属度。

由上述分析可以发现，在这三类模型中，一旦 x 的相关集合中元素的最大和最小隶属度确定了，其他隶属度的大小就变得不再重要。也就是说，如果这些隶属度的取值在区间 [最小隶属度，最大隶属度] 中随意变动，都不会影响 x 的上、下近似隶属度。而这与人们对实际问题的理解是不相符的。下面通过一个例子来说明这一点。

例 3.1 设论域 $U=\{x_1, x_2, \cdots, x_9\}$，$U$ 上的一个覆盖 $C=\{\{x_1, x_2, x_3\}, \{x_3, x_4, x_5, x_6, x_7\}, \{x_6, x_7, x_8, x_9\}\}$，模糊集 $A=\left\{\frac{0.9}{x_1},\frac{0.1}{x_2},\frac{0.1}{x_3},\frac{0.9}{x_4},\frac{0}{x_5},\frac{0}{x_6},\frac{0}{x_7},\frac{0.9}{x_8},\frac{0}{x_9}\right\}$，模糊集 $B=\left\{\frac{0.9}{x_1},\frac{0.9}{x_2},\frac{0.1}{x_3},\frac{0.9}{x_4},\frac{0.9}{x_5},\frac{0}{x_6},\frac{0}{x_7},\frac{0.9}{x_8},\frac{0.9}{x_9}\right\}$。求 A 和 B 在三类覆盖粗糙模糊集模型中的上、下近似模糊集。

解：由已知条件可知，$Md(x_1)=Md(x_2)=\{\{x_1, x_2, x_3\}\}$，$Md(x_3)=\{\{x_1, x_2, x_3\}, \{x_3, x_4, x_5, x_6, x_7\}\}$，$Md(x_4)=Md(x_5)=\{\{x_3, x_4, x_5, x_6, x_7\}\}$，$Md(x_6)=Md(x_7)=\{\{x_3, x_4, x_5, x_6, x_7\}, \{x_6, x_7, x_8, x_9\}\}$，$Md(x_8)=Md(x_9)=\{\{x_6, x_7, x_8, x_9\}\}$。

根据定义 3.4 可得

$$\underline{CF}(A)=\underline{CF}(B)=\left\{\frac{0.1}{x_1},\frac{0.1}{x_2},\frac{0}{x_3},\frac{0}{x_4},\frac{0}{x_5},\frac{0}{x_6},\frac{0}{x_7},\frac{0}{x_8},\frac{0}{x_9}\right\}$$

$$\overline{CF}(A)=\overline{CF}(B)=\left\{\frac{0.9}{x_1},\frac{0.9}{x_2},\frac{0.9}{x_3},\frac{0.9}{x_4},\frac{0.9}{x_5},\frac{0.9}{x_6},\frac{0.9}{x_7},\frac{0.9}{x_8},\frac{0.9}{x_9}\right\}$$

根据定义 3.5 可得

$$\underline{CS}(A)=\underline{CS}(B)=\left\{\frac{0.1}{x_1},\frac{0.1}{x_2},\frac{0.1}{x_3},\frac{0}{x_4},\frac{0}{x_5},\frac{0}{x_6},\frac{0}{x_7},\frac{0}{x_8},\frac{0}{x_9}\right\}$$

$$\overline{CS}(A)=\overline{CS}(B)=\left\{\frac{0.9}{x_1},\frac{0.9}{x_2},\frac{0.1}{x_3},\frac{0.9}{x_4},\frac{0.9}{x_5},\frac{0}{x_6},\frac{0}{x_7},\frac{0.9}{x_8},\frac{0.9}{x_9}\right\}$$

根据定义 3.6 可得

$$\underline{CT}(A)=\underline{CT}(B)=\left\{\frac{0.1}{x_1},\frac{0.1}{x_2},\frac{0.1}{x_3},\frac{0}{x_4},\frac{0}{x_5},\frac{0}{x_6},\frac{0}{x_7},\frac{0}{x_8},\frac{0}{x_9}\right\}$$

$$\overline{CT}(A)=\overline{CT}(B)=\left\{\frac{0.9}{x_1},\frac{0.9}{x_2},\frac{0.9}{x_3},\frac{0.9}{x_4},\frac{0.9}{x_5},\frac{0.9}{x_6},\frac{0.9}{x_7},\frac{0.9}{x_8},\frac{0.9}{x_9}\right\}$$

在上述例子中，虽然 A 和 B 是两个有着很大差别的模糊集，但在三类覆盖粗糙模糊集模型中，它们的上、下近似模糊集却是完全相同的。此外，这些模型求出来的元素的上、下近似隶属度之间的差值过大，不能对元素进行有效的近似描述。如对于 x_1 来说，它在 A 和 B 中的隶属度都为 0.9，一般来说，其上、下近似隶属度应与 0.9 较为接近，这样对 x_1 的粗糙描述才更有意义。然而，三类模型得到 x_1 关于 A 和 B 的上、下近似隶属度区间均为[0.1, 0.9]，用这个区间去粗糙描述 x_1 就显得过于粗糙。再如 x_5，它在 A 和 B 中的隶属度分别为 0 和 0.9，但三类模型得到 x_5 关于 A 和 B 的上、下近似隶属度区间均为[0, 0.9]，这同样也过于粗糙。

综上所述，已有的三类覆盖粗糙模糊集模型在对给定模糊集进行粗糙描述时，没有充分考虑元素的上、下近似隶属度与其最小描述各覆盖块中非最大(或最小)隶属度之间的关系，以及忽视了其自身在给定模糊集中的隶属度，从而造成其上、下近似隶属度之间的差值过大。究其原因，是由于上述三类覆盖粗糙模糊集在建模时的出发角度是相同的，即都是简单地通过对元素的某个相关集合中所有元素的隶属度进行求大和求小运算，来获得该元素的上、下近似隶属度，以此来构建关于给定模糊集的一对近似模糊集。这就会造成一个元素的上、下近似隶属度只是由一些特殊的元素隶属度来确定，而与其自身的隶属度以及非最大(或最小)元素隶属度无关。采用这种方式建立的模型虽然在形式上显得简捷易懂，但却不能有效地反映实际情况。因此，3.3 节将从一个新的角度来建立一类覆盖粗糙模糊集模型。

3.3 一类新的覆盖粗糙模糊集模型

本节将研究一种新的覆盖粗糙模糊集模型。该模型在建模时，不仅充分考虑了一个元素在给定模糊集中的隶属度与其上、下近似隶属度之间的关系，而且也考虑了该元素的上、下近似隶属度与其最小描述中所有其他元素隶属度之间的联系。为了与前三种此类模型在称谓上形成对应，本书中称这一新的模型为第四类覆盖粗糙模糊集模型。

3.3.1 第四类覆盖粗糙模糊集

我们先引入粗糙集中粗糙隶属函数和包含度两个概念。

定义 3.7 (粗糙隶属函数[137]) 设 U 是一个论域，R 是 U 上的一个等价关系，$\forall x \in U$，$X \subseteq U$。定义

$$\mu_X^R(x) = \frac{|[x]_R \cap X|}{|[x]_R|} \tag{3-8}$$

为 X 关于 R 的粗糙隶属函数。其中$|\ \ |$表示集合的基数，$[x]_R$ 表示元素 x 关于 R 的等价类。

定义 3.8 (包含度[39]) 设(U, C)是一个覆盖近似空间，$X \subseteq U$，$\forall x \in U$。称 $D(x, X)$ 为 x 在 X 中的包含度，如果

$$D(x, X) = \frac{|(\bigcup Md(x)) \cap X|}{|\bigcup Md(x)|} \tag{3-9}$$

粗糙隶属函数在论域划分的基础上，通过元素 x 所在的等价类与目标集合 X 之间的包含关系来描述 x 与 X 之间的隶属关系。而包含度则是从论域的覆盖角度，借助元素 x 的最小描述和目标集合 X 之间的包含关系，来确定元素 x 隶属于 X 的程度。受此启发，我们将两者结合起来，提出了模糊覆盖粗糙隶属度的概念，通过它来建立一个覆盖与给定模糊集中元素的隶属度之间的联系。

定义 3.9 (模糊覆盖粗糙隶属度) 设 U 是一个论域，C 是论域 U 上的一个覆盖，$A \in F(U)$，$x \in U$。则定义 x 关于 A 的模糊覆盖粗糙隶属度为

$$\mu'_A(x) = \frac{\sum_{y \in \bigcup Md(x)} A(y)}{|\bigcup Md(x)|} \tag{3-10}$$

模糊覆盖粗糙隶属度一方面反映了元素与其最小描述之间的关系；另一方面也融合了给定模糊集中元素及其最小描述中各元素的隶属度。因此，它从另一个角度较为综合地反映了论域中各个元素从属于 A 的程度。

从模糊覆盖粗糙隶属度的定义式中可以看出，它与定义 3.8 中的包含度较为相似。通过分析就会发现，当 A 退化为普通集合时，模糊覆盖粗糙隶属度则退化为元素包含于 A_0 (A 的支集) 的包含度。由此可以得到下面的命题。

命题 3.1 当 A 退化为普通集合时，$\mu'_A(x) = D(x, A_0)$。

证明：因为 A 是普通集合，所以$\forall x \in U$，$\mu_A(x) = 1$ 或 0。所以根据定义 3.2 中支集的定义可知，$\sum_{y \in (\cup Md(x))} A(y) = \sum_{y \in (\cup Md(x)) \cap A} A(y)$。再由定义 3.8 可知，$|(\bigcup Md(x)) \cap A| = \sum_{y \in (\cup Md(x)) \cap A} A(y) = \sum_{y \in (\cup Md(x))} A(y)$，所以 $\mu'_A(x) = D(x, A_0)$。证毕。

我们进一步地发现，当模糊覆盖粗糙隶属度中的 A 退化为普通集合且覆盖 C 退化为划分时，它将退化为定义 3.7 中的粗糙隶属函数。于是，我们可以得到下面的命题。

命题 3.2 当 A 退化为普通集合且 C 退化为划分时，$\mu'_A(x) = \mu_X^R(x)$。

证明：由最小描述的定义可知，当 C 退化为划分时，$Md(x) = [x]_R$，即：在论域的划分中，元素的最小描述与其等价类相等。又因为 A 是普通集合，根据定义 3.7 和命题 3.1 可知，$\mu'_A(x) = \mu_X^R(x)$。证毕。

从模糊覆盖粗糙隶属度的定义可知，一个元素的模糊覆盖粗糙隶属度从某种程度上反映了它的最小描述这个整体从属于 A 的程度，而这也体现了该元素从属于 A 的一种趋势，即：若该元素的最小描述整体从属于 A 的程度大于它在 A 中的隶属度，则说明它实

际从属于 A 的程度应该很有可能比 A 中所给的隶属度要大。换句话说，就是它在给定模糊集 A 中的隶属度是被低估了；反之，则说明它实际从属于 A 的程度应该很有可能比 A 中所给的隶属度要小，也就是说它在给定模糊集 A 中的隶属度是被高估了。由此，我们提出了一类新的覆盖粗糙模糊集模型。

定义 3.10 (第四类覆盖粗糙模糊集) 设 U 是一个论域，C 是论域 U 上的一个覆盖，$A \in F(U)$。定义 A 关于覆盖近似空间(U, C)的下、上近似隶属函数分别为

$$\mu_{\underline{CH}(A)}(x) = \min\{\mu_A(x), \mu'_A(x)\} \tag{3-11}$$

$$\mu_{\overline{CH}(A)}(x) = \max\{\mu_A(x), \mu'_A(x)\} \tag{3-12}$$

称$(\underline{CH}(A), \overline{CH}(A))$为 A 关于覆盖 C 的第四类覆盖粗糙模糊集。

下面以文献[42]中的案例为例，对这四类覆盖粗糙模糊集模型求得的结果进行分析比较。

例 3.2 假设有 9 个信用卡申请者 $U = \{x_1, x_2, \cdots, x_9\}$，由多个专家 E_1、E_2、E_3 分别对他们的受教育程度进行好、中、差三个级别的评价，得到了覆盖 $C = \{good, average, poor\} = \{\{x_1, x_2, x_3\}, \{x_3, x_4, x_5, x_6, x_7\}, \{x_6, x_7, x_8, x_9\}\}$。此外，模糊集 *high*、*middle*、*low* 分别表示这 9 个申请者的收入属于高收入、中等收入、低收入的情况，其中

$$high = \left\{\frac{1}{x_1}, \frac{0.8}{x_2}, \frac{0.5}{x_3}, \frac{0.3}{x_4}, \frac{0}{x_5}, \frac{0}{x_6}, \frac{0}{x_7}, \frac{0}{x_8}, \frac{0}{x_9}\right\}$$

$$middle = \left\{\frac{0}{x_1}, \frac{0.2}{x_2}, \frac{0.5}{x_3}, \frac{0.7}{x_4}, \frac{1}{x_5}, \frac{1}{x_6}, \frac{0.6}{x_7}, \frac{0.3}{x_8}, \frac{0}{x_9}\right\}$$

$$low = \left\{\frac{0}{x_1}, \frac{0}{x_2}, \frac{0}{x_3}, \frac{0}{x_4}, \frac{0}{x_5}, \frac{0}{x_6}, \frac{0.4}{x_7}, \frac{0.7}{x_8}, \frac{1}{x_9}\right\}$$

分别用四类覆盖粗糙模糊集模型求出模糊集 *high*、*middle*、*low* 的覆盖粗糙模糊集。

解：先计算模糊集 *high* 的四类覆盖粗糙模糊集。

根据定义 3.4～3.6，分别可得

$$\underline{CF}(high) = \left\{\frac{0.5}{x_1}, \frac{0.5}{x_2}, \frac{0}{x_3}, \frac{0}{x_4}, \frac{0}{x_5}, \frac{0}{x_6}, \frac{0}{x_7}, \frac{0}{x_8}, \frac{0}{x_9}\right\}$$

$$\overline{CF}(high) = \left\{\frac{1}{x_1}, \frac{1}{x_2}, \frac{1}{x_3}, \frac{0.5}{x_4}, \frac{0.5}{x_5}, \frac{0.5}{x_6}, \frac{0.5}{x_7}, \frac{0}{x_8}, \frac{0}{x_9}\right\}$$

$$\underline{CS}(high) = \left\{\frac{0.5}{x_1}, \frac{0.5}{x_2}, \frac{0.5}{x_3}, \frac{0}{x_4}, \frac{0}{x_5}, \frac{0}{x_6}, \frac{0}{x_7}, \frac{0}{x_8}, \frac{0}{x_9}\right\}$$

$$\overline{CS}(high) = \left\{\frac{1}{x_1}, \frac{1}{x_2}, \frac{0.5}{x_3}, \frac{0.5}{x_4}, \frac{0.5}{x_5}, \frac{0}{x_6}, \frac{0}{x_7}, \frac{0}{x_8}, \frac{0}{x_9}\right\}$$

$$\underline{CT}(high) = \left\{\frac{0.5}{x_1}, \frac{0.5}{x_2}, \frac{0.5}{x_3}, \frac{0}{x_4}, \frac{0}{x_5}, \frac{0}{x_6}, \frac{0}{x_7}, \frac{0}{x_8}, \frac{0}{x_9}\right\}$$

$$\overline{CT}(high) = \left\{\frac{1}{x_1}, \frac{1}{x_2}, \frac{0.5}{x_3}, \frac{0.5}{x_4}, \frac{0.5}{x_5}, \frac{0}{x_6}, \frac{0}{x_7}, \frac{0}{x_8}, \frac{0}{x_9}\right\}$$

根据定义 3.9 可得 $\mu'_A(x_1)=\mu'_A(x_2)=0.77$， $\mu'_A(x_3)=0.37$， $\mu'_A(x_4)=\mu'_A(x_5)=0.16$， $\mu'_A(x_6)=\mu'_A(x_7)=0.11$， $\mu'_A(x_8)=\mu'_A(x_9)=0$ 。从而，根据定义 3.10 可得

$$\underline{CH}(high)=\left\{\frac{0.77}{x_1},\frac{0.77}{x_2},\frac{0.37}{x_3},\frac{0.16}{x_4},\frac{0}{x_5},\frac{0}{x_6},\frac{0}{x_7},\frac{0}{x_8},\frac{0}{x_9}\right\}$$

$$\overline{CH}(high)=\left\{\frac{1}{x_1},\frac{0.8}{x_2},\frac{0.5}{x_3},\frac{0.3}{x_4},\frac{0.16}{x_5},\frac{0.11}{x_6},\frac{0.11}{x_7},\frac{0}{x_8},\frac{0}{x_9}\right\}$$

从上述求得的四类覆盖粗糙模糊集结果可知，x_3 拿高工资的可能性范围依次为：[0, 1]，[0.5, 0.5]，[0.5, 0.5]，[0.37, 0.5]。由所给覆盖可知，x_3 既在 *good* 中也在 *average* 中，它的最小描述并集包含 $x_1, x_2, x_3, x_4, x_5, x_6, x_7$7 个元素。从 *high* 中元素的隶属度来看，他们拿高工资的可能性总体偏低，又根据所求得的 $\mu'_{high}(x_3)$等于 0.37，它小于 x_3 在 *high* 中的隶属度 0.5。因此，x_3 作为这个整体中的一员，应该具有该整体的特性，这就意味着 x_3 拿高工资的可能性在很大程度上比 0.5 要低，也就是说，x_3 拿高工资的可能性在 *high* 中被高估了。第四类模型所得到的 x_3 的下、上近似隶属度也反映出了这一点，而其他三类模型则显得较为机械，没有充分体现这一特征。再如 x_6 和 x_7，虽然它们在 *high* 中的隶属度都为 0，但是与它们同处于 *average* 块中的 x_3 和 x_4 却不为 0，这说明他们也有拿高工资的可能性，只是这种可能性会比较小而已，在第四类模型中，x_6 和 x_7 拿高工资的可能性为[0，0.11]也反映出了这一点。而第二类和第三类模型得到的 x_6 和 x_7 拿高工资的最大可能性为 0，这个结果忽略了它们与其最小描述中其他元素之间的关系。当然，第一类模型得到的 x_6 和 x_7 拿高工资的可能性范围为[0，0.5]也显得有些过大。同理，我们可以求出 *middle* 和 *low* 的四类覆盖粗糙模糊集，并进行类似的比较分析。

从上述例子中可以看出，第四类模型求出的覆盖粗糙模糊集相对于前三类模型来说，其结果既体现了一个元素自身隶属度的重要性，同时也考虑了一个元素与其他同类元素之间的联系。因此，跟其他三类已有模型相比，第四类模型求出的覆盖粗糙模糊集所反映的信息要与实际情况更为接近。

3.3.2 第四类覆盖粗糙模糊集的性质

本小节将研究第四类覆盖粗糙模糊集的一些相关性质。

定理 3.1 设 U 是一个论域，C 是论域 U 上的一个覆盖，$A, B\in F(U)$，则第四种覆盖粗糙模糊集具有以下这些性质：

（1） $\underline{CH}(U)=U$， $\overline{CH}(U)=U$；

（2） $\underline{CH}(\varnothing)=\varnothing$， $\overline{CH}(\varnothing)=\varnothing$；

（3） $\underline{CH}(A)\subseteq A\subseteq\overline{CH}(A)$；

（4）若 $A\subseteq B$，则 $\underline{CH}(A)\subseteq\underline{CH}(B)$， $\overline{CH}(A)\subseteq\overline{CH}(B)$。

证明：（1）当模糊集 A 退化为普通全集 U 时，可知$\forall x\in U$，有 $\mu_U(x)=1$。根据定义 3.1 可知，$\forall x\in U$，都有 $\mu'_U(x)$=1，再由定义 3.2 可知，$\mu_{\underline{CH(U)}}(x)=1$ 且 $\mu_{\overline{CH(U)}}(x)$=1。所以 $\underline{CH}(U)=U$， $\overline{CH}(U)=U$ 。

（2）证明方法同上。

（3）根据定义 3.1 可知，$\forall x \in U$，$\mu_A(x) \leqslant \mu'_A(x)$ 或者 $\mu_A(x) > \mu'_A(x)$。当 $\mu_A(x) \leqslant \mu'_A(x)$ 时，根据定义 3.2 可知，$\mu_{\underline{CH}(A)}(x) = \mu_A(x)$ 且 $\mu_{\overline{CH}(A)}(x) = \mu'_A(x)$，即：$\mu_{\underline{CH}(A)}(x) \leqslant \mu_A(x) \leqslant \mu_{\overline{CH}(A)}(x)$；当 $\mu_A(x) > \mu'_A(x)$ 时，根据定义 3.2 可知，$\mu_{\underline{CH}(A)}(x) = \mu'_A(x)$ 且 $\mu_{\overline{CH}(A)}(x) = \mu_A(x)$，即：$\mu_{\underline{CH}(A)}(x) \leqslant \mu_A(x) \leqslant \mu_{\overline{CH}(A)}(x)$。因此，$\underline{CH}(A) \subseteq A \subseteq \overline{CH}(A)$。

（4）因为 $A \subseteq B$，所以 $\forall x \in U$，$\mu_A(x) \leqslant \mu_B(x)$。根据定义 3.1 可知，$\mu'_A(x) \leqslant \mu'_B(x)$。当 $\mu_{\underline{CH}(A)}(x) = \mu_A(x)$，$\mu_{\overline{CH}(A)}(x) = \mu'_A(x)$ 时，如果 $\mu_{\underline{CH}(B)}(x) = \mu_B(x)$，$\mu_{\overline{CH}(B)}(x) = \mu'_B(x)$，则 $\mu_{\underline{CH}(A)}(x) \leqslant \mu_{\underline{CH}(B)}(x)$ 且 $\mu_{\overline{CH}(A)}(x) \leqslant \mu_{\overline{CH}(B)}(x)$；如果 $\mu_{\underline{CH}(B)}(x) = \mu'_B(x)$，$\mu_{\overline{CH}(B)}(x) = \mu_B(x)$，因为 $\mu'_A(x) \leqslant \mu'_B(x)$，所以 $\mu_A(x) \leqslant \mu'_B(x)$，$\mu'_A(x) \leqslant \mu_B(x)$，即：$\mu_{\underline{CH}(A)}(x) \leqslant \mu_{\underline{CH}(B)}(x)$ 且 $\mu_{\overline{CH}(A)}(x) \leqslant \mu_{\overline{CH}(B)}(x)$。反之亦然，即：当 $\mu_{\underline{CH}(A)}(x) = \mu'_A(x)$，$\mu_{\overline{CH}(A)}(x) = \mu_A(x)$ 时，有 $\mu_{\underline{CH}(A)}(x) \leqslant \mu_{\underline{CH}(B)}(x)$ 且 $\mu_{\overline{CH}(A)}(x) \leqslant \mu_{\overline{CH}(B)}(x)$。所以 $\underline{CH}(A) \subseteq \underline{CH}(B)$，$\overline{CH}(A) \subseteq \overline{CH}(B)$。证毕。

3.3.3 第四类覆盖粗糙模糊集的退化

覆盖粗糙集是经典粗糙集的一种推广，当覆盖退化为划分时，覆盖粗糙集也随之退化为经典粗糙集。那么第四类覆盖粗糙模糊集在一定条件下是否也能退化为经典粗糙集呢？本小节将研究这个问题。

3.3.3.1 第四类覆盖粗糙模糊集的核与支集

根据第四类覆盖粗糙模糊集的定义，对于任意一个给定的模糊集，可以求出它的一对上、下近似模糊集。其中任一元素在其上近似模糊集中的隶属度反映了这个元素从属于该模糊集的最大可能性程度，若该隶属度大于 0，则说明它一定有可能属于给定的模糊集；若等于 0，则说明它一定没有可能属于给定模糊集。同理，一个元素在其下近似模糊集中的隶属度反映了它从属于该模糊集的最小可能性程度，若该隶属度等于 1，则说明它一定是确定属于给定的模糊集；若小于 1，则说明它不一定是确定属于给定的模糊集。元素上、下近似隶属度的这种特性与其上近似模糊集的支集和下近似模糊集的核所表现出的意义是相同的。

从核与支集的定义可以求得第四类覆盖粗糙模糊集中上、下近似模糊集的支集与核。在定义 3.10 中，不妨令 $\overline{CH}_0(A)$ 表示上近似模糊集的支集，$\underline{CH}_1(A)$ 表示下近似模糊集的核，即

$$\overline{CH}_0(A) = \{x \in U : \mu'_A(x) > 0\} \tag{3-13}$$

$$\underline{CH}_1(A) = \{x \in U : \mu'_A(x) = 1\} \tag{3-14}$$

容易发现，支集中的所有元素在其对应模糊集中的隶属度都大于 0，也就是说支集中的元素都是一定有可能属于给定的模糊集，即：它们“可能属于给定模糊集的程度”为 1。相应地，核中的所有元素在其对应模糊集中的隶属度都等于 1，也就是说核中的元素都一定是确定属于给定的模糊集，即：它们“确定属于给定模糊集的程度”为 1。因此，$\overline{CH}_0(A)$ 是由那些一定有可能属于给定模糊集的元素组成的集合，而 $\underline{CH}_1(A)$ 是由那些一定是确定

属于给定模糊集的元素组成的集合。

我们将在第四类覆盖粗糙模糊集中上近似模糊集的支集与下近似模糊集的核的基础上来研究这类模型的退化问题。

3.3.3.2　第四类覆盖粗糙模糊集与经典粗糙集

本小节将研究第四类覆盖粗糙模糊集与经典粗糙集之间的关系。为了方便起见，令 $\overline{CH}_0(A)$ 表示上近似模糊集的支集，$\underline{CH}_1(A)$ 表示下近似模糊集的核。根据 3.3.3.1 节对上近似模糊集的支集和下近似模糊集的核的分析，可以得到以下命题。

命题 3.3　设 U 是一个论域，C 是论域 U 上的一个覆盖，$A\in F(U)$。如果 C 为论域 U 的一个划分且 A 是一个普通集合，则 $\underline{R}(A_0)=\underline{CH}_1(A)$，$\overline{R}(A_0)=\overline{CH}_0(A)$。

证明：（1）$\underline{R}(A_0)=\underline{CH}_1(A)$。因为 C 是论域 U 的划分，所以 $\forall x\in U$，$Md(x)=[x]_R$，其中 $[x]_R$ 表示 x 的等价类。因为 A 是普通集合，所以 $\forall x\in A_0$，$\mu_A(x)=1$。若 $[x]_R\subseteq A_0$，则由定义 3.9 可知，$\forall y\in [x]_R$，$\mu'_A(x)=1$，所以 $y\in \underline{CH}_1(A)$；若 $[x]_R\not\subset A_0$，则由定义 3.9 可知，$\exists y\in [x]_R$，使得 $\mu'_A(y)<1$，所以 $y\notin \underline{CH}_1(A)$。再由定义 2.3 可知，若 $[x]_R\subseteq A_0$，则 $[x]_R\subseteq \underline{R}(A_0)$。因此，$\underline{R}(A_0)=\underline{CH}_1(A)$。

（2）$\overline{R}(A_0)=\overline{CH}_0(A)$。若 $[x]_R\cap A_0\neq\varnothing$，则 $\forall y\in [x]_R$，$\mu'_A(y)>0$，此时，$\forall z\in [x]_R\cap A_0$，$\mu_{\overline{CH}(A)}(z)=1$，所以 $z\in \overline{CH}_0(A)$；而 $\forall w\in[x]_R-A_0$，因为 A 是普通集合，$\mu_A(w)=0$，所以 $w\in \overline{CH}_0(A)$。若 $[x]_R\cap A_0=\varnothing$，则 $\forall y\in [x]_R$，$\mu'_A(y)=0$，此时 $y\notin\overline{CH}_0(A)$。由定义 2.3 可知，若 $[x]_R\cap A_0\neq\varnothing$，则 $[x]_R\subseteq \overline{R}(A_0)$。因此，$\overline{R}(A_0)=\overline{CH}_0(A)$。证毕。

从命题 3.3 可以发现，$\underline{CH}_1(A)$ 和 $\overline{CH}_0(A)$ 是两个可定义集，从而可以得到以下两个推论。

推论 3.1　若 C 为论域 U 的一个划分且 A 是一个普通集合，则 $\underline{CH}_1(A)$ 等于 C 中若干个覆盖块的并。

推论 3.2　若 C 为论域 U 的一个划分且 A 是一个普通集合，则 $\overline{CH}_0(A)$ 等于 C 中若干个覆盖块的并。

由此可知，当 C 为论域 U 的一个划分且 A 是一个普通集合时，第四类覆盖粗糙模糊集退化为经典粗糙集，也就是说第四类覆盖粗糙模糊集是经典粗糙集的一种推广。

3.3.4　四类覆盖粗糙模糊集的比较分析

前面分析了已有三类覆盖粗糙模糊集存在的不足及其产生的原因，并提出了第四类覆盖粗糙模糊集来改善前三类模型中的不足。本小节将对这四类覆盖粗糙模糊集进行比较分析。首先，从理论的角度对它们进行比较；其次，通过采用 UCI 中的 Adult 等数据库，利用贴近度的特性来对四种模型进行一个数据统计分析结果的比较。

3.3.4.1　理论分析比较

从例 3.2 中可以发现，第四类覆盖粗糙模糊集模型与第二类和第三类模型不存在隶属度大小的单调性，它们在不同的情况下会有不同的比较结果。因此，我们在这里只对第一类和第四类模型进行比较分析。

命题 3.4　设 C 是论域 U 上的一个覆盖，$A\in F(U)$。则 $\underline{CF}(A)\subseteq\underline{CH}(A)\subseteq A\subseteq\overline{CH}(A)\subseteq\overline{CF}(A)$。

证明：$\forall x\in U$，令 $m=\inf\{A(y):y\in Md(x)\}$，$M=\sup\{A(y):y\in Md(x)\}$。则 $\mu_{\underline{CF}(A)}(x)=m$，$\mu_{\overline{CF}(A)}(x)=M$。由定义 3.9 可知，$m\leqslant\mu'_A(x)\leqslant M$。又因为 $m\leqslant\mu_A(x)\leqslant M$，如果 $\mu'_A(x)\leqslant\mu_A(x)$，根据定义 3.9 可知，$\mu_{\underline{CH}(A)}(x)=\mu'_A(x)\geqslant m$，$\mu_{\overline{CH}(A)}(x)=\mu_A(x)\leqslant M$，从而有 $\underline{CF}(A)\subseteq\underline{CH}(A)\subseteq A$；如果 $\mu'_A(x)\geqslant\mu_A(x)$，根据定义 3.10 可知，$\mu_{\underline{CH}(A)}(x)=\mu_A(x)\geqslant m$，$\mu_{\overline{CH}(A)}(x)=\mu'_A(x)\leqslant M$，从而有 $A\subseteq\overline{CH}(A)\subseteq\overline{CF}(A)$。综上所述，可得 $\underline{CF}(A)\subseteq\underline{CH}(A)\subseteq A\subseteq\overline{CH}(A)\subseteq\overline{CF}(A)$。证毕。

胡军等[42]对前三类模型做了比较，得到 $\underline{CF}(A)\subseteq\underline{CT}(A)\subseteq\underline{CS}(A)\subseteq A\subseteq\overline{CS}(A)\subseteq\overline{CT}(A)\subseteq\overline{CF}(A)$。但在讨论这三类模型的等价问题中，他们提出了下述定理。

定理 3.2[42]　设(U, C)为覆盖近似空间，前三类覆盖粗糙模糊集模型等价当且仅当覆盖 C 是一元的。

定理中所说的一元的覆盖指的是：$\forall x\in U$，$|Md(x)|=1$，即论域中任一元素的最小描述只含有一个集合。下面通过一个例子来说明这个定理是不正确的。

例 3.3　设论域 $U=\{a, b, c, d\}$，$C=\{\{a, b, c\}, \{b, c, d\}\}$是 U 上的一个覆盖，模糊集 $A=\left\{\frac{0.6}{a},\frac{0.9}{b},\frac{0.1}{c},\frac{0.3}{d}\right\}$。则根据前三类模型求得覆盖粗糙模糊集分别为

$$\underline{CF}(A)=\left\{\frac{0.1}{a},\frac{0.1}{b},\frac{0.1}{c},\frac{0.1}{d}\right\},\quad\overline{CF}(A)=\left\{\frac{0.9}{a},\frac{0.9}{b},\frac{0.9}{c},\frac{0.9}{d}\right\}$$

$$\underline{CS}(A)=\left\{\frac{0.1}{a},\frac{0.1}{b},\frac{0.1}{c},\frac{0.1}{d}\right\},\quad\overline{CS}(A)=\left\{\frac{0.9}{a},\frac{0.9}{b},\frac{0.9}{c},\frac{0.9}{d}\right\}$$

$$\underline{CT}(A)=\left\{\frac{0.1}{a},\frac{0.1}{b},\frac{0.1}{c},\frac{0.1}{d}\right\},\quad\overline{CT}(A)=\left\{\frac{0.9}{a},\frac{0.9}{b},\frac{0.9}{c},\frac{0.9}{d}\right\}$$

由此可见，虽然 $Md(b)=Md(c)=2$，即 C 不是一元的覆盖，但三类模型得到的下近似模糊集和上近似模糊集分别都相等。也就是说定理 3.2 的结论是不正确的。为此，给出下面的定理。

定理 3.3　设 C 是论域 U 上的一个覆盖，$A\in F(U)$。则前三类覆盖粗糙模糊集模型等价当且仅当$\forall x\in U$，$\inf\{A(y):y\in\cup Md(x)\}=\inf\{A(y):y\in\cap Md(x)\}$，且 $\sup\{A(y):y\in\cup Md(x)\}=\sup\{A(y):y\in\cap Md(x)\}$。

证明：($\Rightarrow$) 因为前三类模型是等价的，即：$\underline{CF}(A)=\underline{CT}(A)=\underline{CS}(A)$，$\overline{CS}(A)=\overline{CT}(A)=\overline{CF}(A)$，所以根据定义 3.4～3.6 可知：$\inf\{A(y):y\in\cup Md(x)\}=\inf\{A(y):y\in\cap Md(x)\}$，且 $\sup\{A(y):y\in\cup Md(x)\}=\sup\{A(y):y\in\cap Md(x)\}$。

($\Leftarrow$) 由文献[42]中的定理 4.1 可知，$\underline{CF}(A)\subseteq\underline{CT}(A)\subseteq\underline{CS}(A)\subseteq A\subseteq\overline{CS}(A)\subseteq\overline{CT}(A)\subseteq\overline{CF}(A)$。因为 $\inf\{A(y):y\in\cup Md(x)\}=\inf\{A(y):y\in\cap Md(x)\}$，由定义 3.4～3.6

可知，$\underline{CF}(A)=\underline{CT}(A)=\underline{CS}(A)$。同理，因为 $\sup\{A(y):y\in\cup Md(x)\}=\sup\{A(y):y\in\cap Md(x)\}$，所以 $\overline{CS}(A)=\overline{CT}(A)=\overline{CF}(A)$。证毕。

3.3.4.2　统计实验结果分析比较

由于第四类覆盖粗糙模糊集模型与第二类和第三类模型在理论上无法直接进行单调性的比较，因此，本小节将利用 UCI 中的 Adult、Mammographic Masses 和 Iris 三个数据库来对这四类模型的统计结果进行分析比较。

（1）Adult 数据库

Adult 数据库共 32 561 条数据记录。我们根据数据表中的年龄(见表 3-1)、学龄(见表 3-2)、性别三个属性得到了 48 个覆盖块，再根据学龄、资本利得、资本损失以及周工作时数四个属性估算出每个人的月平均收入，其中小时薪水可参见表 3-3。然后给定一个隶属函数，即

$$\mu_A(x)=\begin{cases}1 & x\text{ 的月收入}\geqslant 4167\\ x\text{ 的月收入}/4167 & x\text{ 的月收入}<4167\end{cases}$$

式中，x 表示数据表中任一对象，其月收入由其月(4 周)工作小时数乘以相应的小时薪水，再加上月平均资本收入所得组成；分母 4167 为年收入为 5 万美元的最低月收入数，用 A 表示“年薪不少于 5 万美元”的模糊集。利用四类覆盖粗糙模糊集模型分别求得它们关于 A 的上、下近似模糊集。最后采用 Hamming 贴近度计算每个模型的上、下近似模糊集与 A 之间的贴近度，并对这些贴近度进行比较分析。

表 3-1　年龄段分布表

年龄段	少年	青年	中年	老年
最小值(岁)	15	21	36	54
最大值(岁)	22	38	55	100

表 3-2　教育等级表

受教育等级	一级	二级	三级	四级	五级	六级
受教育最少年数(年)	0	3	7	9	13	14
受教育最大年数(年)	4	7	10	12	14	16

表 3-3　小时薪水表

受教育年数(年)	＞16	15	14	13	11～12	＜10
小时薪水(美元)	13	11	10	8.5	7	6

比较结果如图 3-1、3-2 所示。图 3-1 反映了四类模型关于 A 的下、上近似模糊集与 A 之间的贴近度的比较结果，可以看出第四类模型关于 A 的下、上近似模糊集与 A 之间的贴近度均大于其他三类模型，分别为 0.7522 和 0.9790；图 3-2 反映了四类模型关于 A 的下、上近似模糊集与 A 的贴近度平均值的比较结果，可以看出第四类模型关于 A 的下、上近似模糊集与 A 之间的平均贴近度最大，为 0.8656。由此可见，第四类覆盖粗糙模糊

集与 A 的接近程度最高。

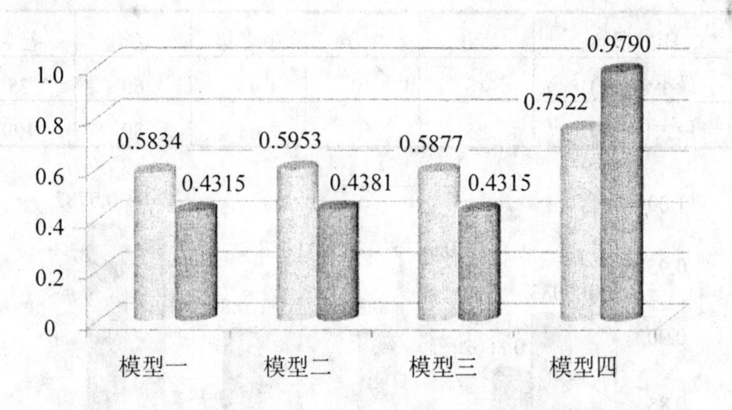

图 3-1 各模型下、上近似模糊集与 A 的贴近度比较

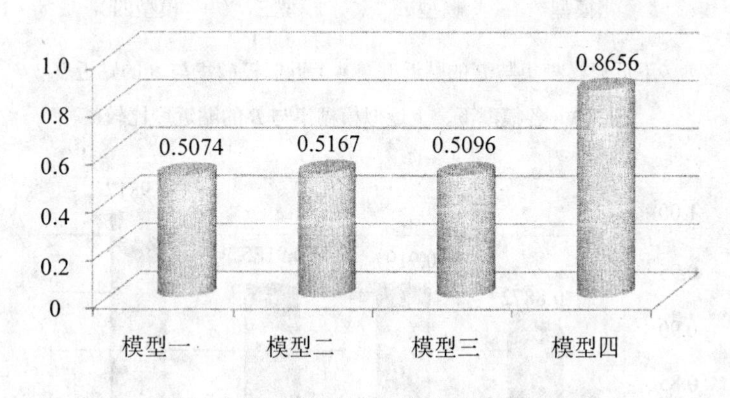

图 3-2 各模型下、上近似模糊集与 A 的贴近度的平均值比较

（2）Mammographic Masses 数据库

Mammographic Masses 数据库中有 961 条数据记录，我们将其中 131 条含有缺省值的数据记录去除,剩下共 830 条记录来进行实验。

按照表 3-4 中 Age 属性的年龄段的设置以及数据库中 Shape 属性的不同取值，将所有数据记录分配到 20 个覆盖元中。然后依据表 3-4 中的年龄分段以及 Shape、Margin、Density 中各属性值对数据进行分类，再分别求出各类数据中决策属性值为 1 的记录个数，并统计它们在各类中的比例。在此基础上，给属性 Age、Shape、Margin、Density 设定权重值分别为 0.4、0.3、0.2 和 0.1，从而得到一个反映所有数据对象决策属性值为 1 的可能性的模糊集 B，其隶属函数为

$$\mu_B(x) = 0.4\times\text{Age}(x)+0.3\times\text{Shape}(x)+0.2\times\text{Margin}(x) +0.1\times\text{Density}(x)$$

利用四类覆盖粗糙模糊集模型分别求得它们关于 B 的下、上近似模糊集。最后采用 Hamming 贴近度计算每个模型的上、下近似模糊集与 B 之间的贴近度，对这些贴近度进行比较分析。具体比较结果如图 3-3 和图 3-4 所示。

表 3-4　年龄段分布表

年龄段	青年	中年	中老年	老年	苍老
最小值(岁)	18	30	45	60	75
最大值(岁)	35	50	65	80	100

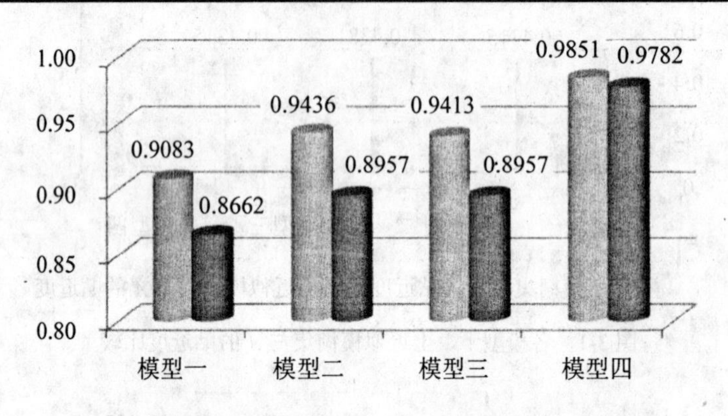

图 3-3　各模型下、上近似模糊集与 B 的贴近度比较

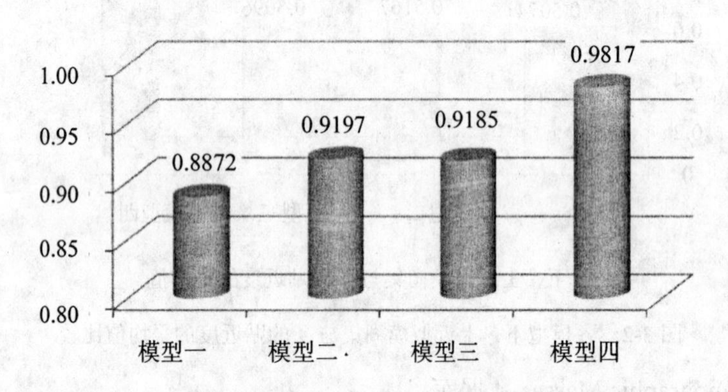

图 3-4　各模型下、上近似模糊集与 B 的贴近度的平均值比较

从图 3-3 和图 3-4 中可以看出，利用第四类模型求得关于 B 的下、上近似模糊集与 B 的贴近度均高于其他三类模型，并且第四类模型的下、上近似平均贴近度也高于其他三类模型的平均贴近度。

（3）Iris 数据库

Iris 数据库中共有 150 条数据记录。将数据库中的 Sepal-length 属性和 Petal-length 属性按照表 3-5 和表 3-6 中的设定，得到 10 个覆盖块 (理论上 12 个，实际只有 10 个)。然后根据表 3-5、3-6、3-7 和 3-8 中所设定的属性值的区间对所有数据进行分类，统计出各类数据中决策值为 Iris-setosa 的记录个数以及其在对应类中的比例。在此基础上，给属性 Sepal-length、Sepal-width、Petal-length、Petal-width 设定权重值分别为 0.2、0.2、0.5 和 0.1。从而得到一个反映所有数据对象为 Iris-setosa 的可能性大小的模糊集 C，其隶属函数为

$$\mu_C(x) = 0.2\times\text{Sepal-length}(x) + 0.3\times\text{Sepal-width}(x) + 0.2\times\text{Petal-length}(x) + 0.1\times\text{Petal-width}(x)$$

表 3-5 Sepal-length 区间表

Sepal-length	区间 1	区间 2	区间 3	区间 4
最小值	4	4.5	5.5	6.5
最大值	5	6	7	8

表 3-6 Petal-length 区间表

Petal-length	区间 1	区间 2	区间 3
最小值	1	3	5
最大值	3.5	6	7

表 3-7 Sepal-width 区间表

Sepal-width	区间 1	区间 2
最小值	2	3
最大值	3.5	4.5

表 3-8 Petal-width 区间表

Petal-width	区间 1	区间 2
最小值	0	1.25
最大值	1.75	2.5

再根据四类模型的定义分别得到它们关于 C 的下、上近似模糊集。采用 Hamming 贴近度计算每个模型的下、上近似模糊集与 C 之间的贴近度，对这些贴近度进行比较分析。比较结果如图 3-5 和图 3-6 所示。

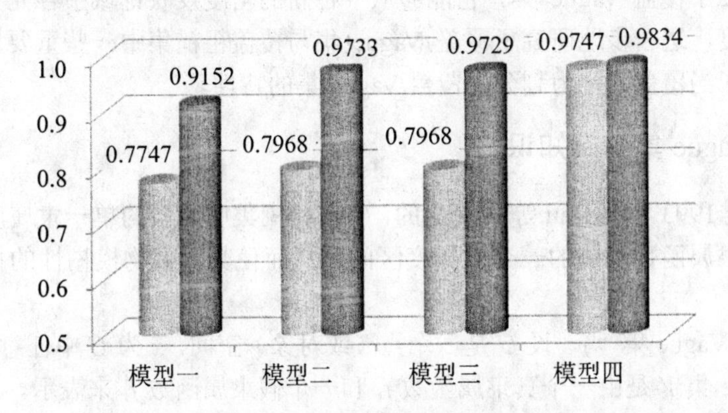

图 3-5 各模型下、上近似模糊集与 C 的贴近度比较

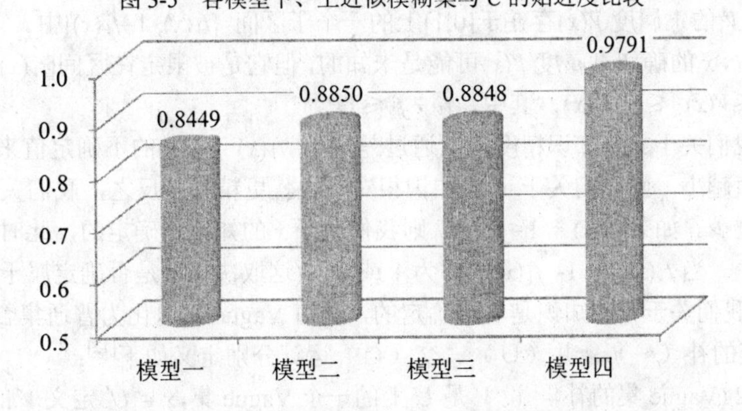

图 3-6 各模型下、上近似模糊集与 C 的贴近度的平均值比较

从图 3-5 和图 3-6 中可以看出，利用第四类模型求得关于 C 的下、上近似模糊集与 C 的贴近度均高于其他三类模型，并且第四类模型的下、上近似平均贴近度也高于其他三类模型的平均贴近度。

上述三组实验结果均表明，第四种覆盖粗糙模糊集模型所得出的关于给定模糊集的下、上近似模糊集，较前三种同类模型得到的下、上近似模糊集而言，与给定模糊集之间具有更高的 Hamming 贴近度。同样的情况也出现在它们与给定模糊集的平均贴近度的比较结果中。

3.4 覆盖粗糙集与 Vague 集

覆盖粗糙集和 Vague 集都是处理不确定性问题的数学工具，它们分别是粗糙集和模糊集的扩展。已有的覆盖粗糙集模型求上、下近似时，可能将一些实际上并非肯定属于给定集合的元素纳入下近似中，而将一些可能属于给定集合的元素却没有纳入上近似中，这就会改变一些元素与给定集合的关系。通过深入分析论域中的元素与其相关覆盖块之间的关系，建立了覆盖 Vague 集。它能够从一种新的角度反映论域中各元素与给定集合之间的从属程度，进一步地研究了覆盖 Vague 集与覆盖粗糙集中一些重要概念之间的关系。最后讨论了当覆盖退化为划分时覆盖 Vague 集的特性。

3.4.1 Vague 集基础知识

Vague 集是 1993 年由 Gau 等[12]提出的，它将模糊集中元素的单一隶属度扩展为由真隶属函数和假隶属函数确定的一个隶属度区间，从而使其对事物模糊性的描述比模糊集更为全面。

定义 3.11 (Vague 集[12]) 设 U 是一个点（或对象）空间，x 为 U 中任意一个元素。U 上的一个 Vague 集 V 是由一个真隶属函数 t_V 和一个假隶属函数 f_V 来表示。其中，t_V 表示由支持 x 的证据所确定的隶属度的下界，f_V 表示由反对 x 的证据所确定的否定隶属度的下界。t_V 和 f_V 都是 U 到 [0, 1] 区间的映射，即：$t_V:U\to[0,1]$，$f_V:U\to[0,1]$，并且 $t_V+f_V\leqslant 1$。则 x 关于 V 的隶属度 $V(x)$ 存在于[0,1]上的一个子区间 $[t_V(x), 1-f_V(x)]$ 中。

换句话说，x 的确切隶属度 $V(x)$ 可能是未知的，但它是被限定在区间 $[t_V(x), 1-f_V(x)]$ 中的，即 $t_V(x)\leqslant V(x)\leqslant 1-f_V(x)$，其中，$t_V+f_V\leqslant 1$。

由此，我们关于 x 的知识精度可以通过差值 $1-t_V(x)-f_V(x)$ 的不确定值来刻画。也就是说这个差值越小，则我们关于 x 的知识相对来说就更精确；反之，我们关于 x 的知识相对来说就越少。如果 $t_V(x)=1-f_V(x)$，则我们关于 x 的知识是确定的，此时 Vague 集就退化为模糊集。当 $t_V(x)$ 和 $1-f_V(x)$ 同时为 1 或 0 时(这取决于 x 是否确定属于 V 或者确定不属于 V)，我们关于 x 的知识是非常确定的，此时 Vague 集退化为普通集合。

Vague 集的补（～）、并（∪）、交（∩）运算分别定义如下[12]：

定义 3.12 (Vague 集的补) 设 V 是 U 上的一个 Vague 集，$x\in U$。定义 V 的补集为 $\sim V$，它满足 $t_{(\sim V)}(x)=f_V(x)$ 且 $1-f_{(\sim V)}(x)=1-t_V(x)$。

定义 3.13 (Vague 集的并) 设 $V1$ 和 $V2$ 是 U 上的两个 Vague 集，$x\in U$。定义 $V1$ 和

$V2$ 的并为 V，即 $V = V1 \cup V2$，它满足 $t_V = \max(t_{V1}, t_{V2})$且 $1 - f_V = \max(1- f_{V1}, 1- f_{V2}) = 1- \min(f_{V1}, f_{V2})$。

定义 3.14 (Vague 集的交) 设 $V1$ 和 $V2$ 是 U 上的两个 Vague 集，$x \in U$。定义 $V1$ 和 $V2$ 的交为 V，即 $V = V1 \cap V2$，它满足 $t_V = \min(t_{V1}, t_{V2})$且 $1-f_V = \min(1- f_{V1}, 1- f_{V2}) = 1- \max(f_{V1}, f_{V2})$。

3.4.2 覆盖 Vague 集

本小节将讨论覆盖粗糙集向 Vague 集的转化，建立覆盖 Vague 集。在这里我们主要讨论如何将第一类和第五类覆盖粗糙集转化成相应的覆盖 Vague 集，并研究与其相关的一些性质，以及覆盖 Vague 集与覆盖粗糙集中一些重要概念之间的关系。

3.4.2.1 问题的提出

在覆盖粗糙集中，目标集合的上、下近似主要是通过其与覆盖中各覆盖块之间的包含关系来确定的，如：若某个覆盖块是目标集合的子集，则该覆盖块包含于该集合的下近似中。这种方式虽然简洁高效，而且传承了经典粗糙集的思想，看起来似乎也较为合理，但经仔细分析后，就会发现一些不太合理的地方。下面先通过一个例子来说明这其中的问题。

例 3.4 设 $U = \{a, b, c, d, e, f, g, h\}$是一个论域，$X = \{a, b, c\}$是 U 的一个子集，$C = \{K_1, K_2, K_3, K_4, K_5, K_6\}$是 U 的一个覆盖，其中 $K_1 = \{a, b\}$，$K_2 = \{b, c, d, f\}$，$K_3 = \{c, d\}$，$K_4 = \{c, e\}$，$K_5 = \{d, e\}$，$K_6 = \{g, h\}$。求 X 的第一类和第五类覆盖近似集。

根据定义 2.6 可得：$X_* = \{a, b\}$，$X^* = \{a, b, c, d, e\}$；根据定义 2.11 可得：$X_+ = \{a, b\}$，$X^+ = \{a, b, c\}$。

由上述例子我们来分析其中存在的一些不合理性。我们知道在粗糙集中，目标集合 X 的下近似中的元素通常被认为是根据已有知识判断而肯定属于 X 的，X 上近似中的元素则是根据已有知识而可能属于 X 的，X 负域中的元素则被认为是肯定不属于 X 的。但在覆盖粗糙集中，如果也这样理解就显得有点不合理。在本例中，X 的下近似是 a 和 b，但我们不能说 b 是肯定属于下近似 X 的，因为 K_2 中也含有 b，而 K_2 中的 d、f 均不属于 X 的下近似，按照概率论的观点，b 在一定程度上是不属于 X 的。同理，f 虽然不在 X 的上近似中，但 f 与 b、c 同在 K_2 中，说明 f 在一定程度上也是属于 X 的。此外，K_5 与 X 的交集为空，但是 K_5 中的元素却均出现在 X 的上近似中。由此可见，在用覆盖粗糙集模型对 X 求近似集时，通常会放大一些元素与 X 的关系，而同时又会忽略一些元素与 X 的关系。这就造成根据覆盖粗糙集模型求得的 X 的上、下近似集不能如实地反映论域中各元素与 X 之间的关系。

综上所述，在第一类和第五类覆盖粗糙集模型中，确实存在一些不太合理的地方，为了进一步探究其中的原因以及寻求恰当的解决方法，我们利用 Vague 集来讨论这一问题。

3.4.2.2 覆盖 Vague 集

从上述分析可以发现，之所以出现上述情况是由于在利用覆盖粗糙集模型对给定集合求近似集时，只考虑了与目标集合中元素关系较为密切的元素，而忽略了其他一些关系相对不密切的元素。如第一类覆盖粗糙集中只考虑了元素的最小描述，第二类覆盖粗糙集中则关注的是元素的邻域。因此，为了更全面地反映目标集合的上、下近似集，需要对与目标集合关系相对不密切的元素也要予以充分考虑。

我们给出如下几个定义。

定义 3.15(隶属族[132]) 设(U, C)是一个覆盖近似空间。对于任意一个$x \in U$，称

$$FM_C(x) = \{K : x \in K \wedge K \in C\} \tag{3-15}$$

为x关于C的隶属族。在与其他不混淆的情况下，下标C可省略。

定义 3.16 (基数和) 设(U, C)是一个覆盖近似空间，$x \in U$。定义

$$m_C(x) = \sum_{K \in FM(x)} |K| \tag{3-16}$$

为元素x关于C的基数和。在与其他不混淆的情况下，下标C可以省略。

在例 3.4 中，$m(a) = 2$，$m(b) = 6$，$m(c) = 8$，$m(d) = 8$，$m(e) = 4$，$m(f) = 4$，$m(g) = 2$，$m(h) = 2$。

定义 3.17 (元素的上近似集族) 设(U, C)是一个覆盖近似空间，$x \in U$，$X \subseteq U$。定义

$$S_{X|C}(x) = \{K \in FM_C(x): K \cap X \neq \varnothing\} \tag{3-17}$$

为元素x关于X在C中的上近似集族。在对C不混淆的情况下，可简记为$S_X(x)$。

在例 3.4 中，$S_X(a) = \{\{a, b\}\}$，$S_X(b) = \{\{a, b\}, \{b, c, d, f\}\}$，$S_X(c) = \{\{b, c, d, f\}, \{c, d\}, \{c, e\}\}$，$S_X(d) = \{\{b, c, d, f\}, \{c, d\}\}$，$S_X(e) = \{\{c, e\}\}$，$S_X(f) = \{\{b, c, d, f\}\}$，$S_X(g) = \varnothing$，$S_X(h) = \varnothing$。

由于一个元素的隶属族包含了与之有关系的所有覆盖块，如果该隶属族的并集与给定集合的交集不为空，那么我们认为该元素与给定集合之间存在一定的联系；否则，我们认为该元素与给定集合之间没有联系。由此，我们可以建立如下的覆盖 Vague 集。

定义 3.18 (覆盖 Vague 集) 设(U, C)是一个覆盖近似空间，$x \in U$，$X \subseteq U$。定义x相对X关于C的真隶属函数$t_{X|C}(x)$和假隶属函数$f_{X|C}(x)$分别为

$$t_{X|C}(x) = \begin{cases} \dfrac{1}{m_C(x)} \sum_{K \in S_{X|C}(x)} |K \cap X| & (\bigcup S_{X|C}(x)) \cap X \neq \varnothing \\ 0 & (\bigcup S_{X|C}(x)) \cap X = \varnothing \end{cases} \tag{3-18}$$

$$f_{X|C}(x) = \begin{cases} \dfrac{1}{m_C(x)} \sum_{K \in S_{X|C}(x)} |K \cap (\sim X)| & (\bigcup S_{X|C}(x)) \cap X \neq \varnothing \\ 1 & (\bigcup S_{X|C}(x)) \cap X = \varnothing \end{cases} \tag{3-19}$$

则x从属于X的隶属度被限定在$[0, 1]$闭区间的子区间$[t_{X|C}(x), 1 - f_{X|C}(x)]$中，称闭区间$[t_{X|C}, 1 - f_{X|C}]$为$X$关于$C$的覆盖 Vague 集，记为$X_{V(C)}$。在对$C$没有混淆的情况下，简记为$X_V = [t_X, 1 - f_X]$。上式中，$\sim X$表示$X$的补集。

例 3.5 根据例 3.4 所给条件，求U中各元素相对X关于C的覆盖 Vague 集。

解：根据例 3.4 中得到的各元素的上近似集族的结果，由定义 3.18 可得

$t_X(a) = \dfrac{1}{2} \times 2 = 1$，$t_X(b) = \dfrac{1}{6} \times (2 + 2) = \dfrac{4}{6}$，$t_X(c) = \dfrac{1}{8} \times (2 + 1 + 1) = \dfrac{4}{8}$，$t_X(d) = \dfrac{1}{8} \times (2 + 1 + 0) = \dfrac{3}{8}$，$t_X(e) = \dfrac{1}{4} \times (1 + 0) = \dfrac{1}{4}$，$t_X(f) = \dfrac{1}{4} \times 2 = \dfrac{2}{4}$，$t_X(g) = 0$，$t_X(h) = 0$。

$f_X(a)=0$，$f_X(b)=\frac{1}{6}\times(0+2)=\frac{2}{6}$，$f_X(c)=\frac{1}{8}\times(2+1+1)=\frac{4}{8}$，$f_X(d)=\frac{1}{8}\times(2+1+0)=\frac{3}{8}$，

$f_X(e)=\frac{1}{4}\times(1+0)=\frac{1}{4}$，$f_X(f)=\frac{1}{4}\times 2=\frac{2}{4}$，$f_X(g)=1$，$f_X(h)=1$。

从而，$X_V(a)=[1,1]$，$X_V(b)=\left[\frac{4}{6},\frac{4}{6}\right]$，$X_V(c)=\left[\frac{4}{8},\frac{4}{8}\right]$，$X_V(d)=\left[\frac{3}{8},\frac{5}{8}\right]$，$X_V(e)=\left[\frac{1}{4},\frac{3}{4}\right]$，

$X_V(f)=\left[\frac{2}{4},\frac{2}{4}\right]$，$X_V(g)=[0,0]$，$X_V(h)=[0,0]$。

从上述例子可以发现，a 隶属于 X 的程度为 1，也就是说 a 确定属于 X；g、h 隶属于 X 的程度为 0，也就是说它们确定不属于 X；元素 b、c、f 的 Vague 集中，$t_X(x)=1-f_X(x)$，也就是说我们关于它们的知识是确定的，此时它们隶属于 X 的程度是确定的，即分别为 $\frac{4}{6}$、$\frac{4}{8}$ 和 $\frac{2}{4}$；而元素 d、e 的 Vague 集中，$t_X(x)\neq 1-f_X(x)$，也就是说我们关于它们的知识是含糊的，此时它们隶属于 X 的确切程度是未知的，但可以被分别限定在区间 $\left[\frac{3}{8},\frac{5}{8}\right]$ 和 $\left[\frac{1}{4},\frac{3}{4}\right]$ 中。从元素与其隶属族之间的关系角度看，d、e 的这种含糊性是因为 d、e 的隶属族中存在与给定集合 X 不相交的覆盖块 K，此时一般会认为 K 中的元素与 X 没有关系。但因为 d、e 的隶属族的并集与 X 的交不为空，这说明 d、e 又是与 X 有着某种关系，而这种关系是无法确切表述的，它是一种含糊的关系。此时就将 K 中的元素作为既不能说属于也不能说不属于的元素看待，即作为含糊的对象看待。

3.4.3 覆盖 Vague 集的性质

本小节将研究覆盖 Vague 集的一些性质。为了方便讨论，令 C 是论域 U 上的一个覆盖，$x\in U$，$X\subseteq U$。

命题 3.5 如果 $x\in X$，则 $t_X(x)=1-f_X(x)$。

证明：因为 $x\in X$，所以 $(\cup FM(x))\cap X\neq\varnothing$。由覆盖 Vague 集的定义，$\forall K\in FM(x)$ 都有 $x\in K$，即 $K\cap X\neq\varnothing$，并且 $(K\cap X)\cup(K\cap\sim X)=K$。从而，根据元素上近似集族的定义可知，$S_X(x)=FM(x)$，并且 $\forall K\in FM(x)$，$|K\cap X|+|K\cap\sim X|=|K|$。再由基数和的定义可知，$\sum_{K\in FM(x)}|K\cap X|+\sum_{K\in S_X(x)}|K\cap\sim X|=m(x)$，所以 $t_X(x)+f_X(x)=1$，即 $t_X(x)=1-f_X(x)$。证毕。

命题 3.6 若 $(\cup FM(x))\cap X\neq\varnothing$ 且 $\exists K\in FM(x)$，使得 $K\cap X=\varnothing$，则 $t_X(x)\neq 1-f_X(x)$。

证明：根据覆盖 Vague 集的定义可知：当 $(\cup FM(x))\cap X\neq\varnothing$ 时，如果 $\exists K\in FM(x)$ 使得 $K\cap X=\varnothing$，则 $K\notin S_X(x)$。所以 $S_X(x)\subset FM(x)$。从而，$\sum_{K\in S_X(x)}|K\cap\sim X|<\sum_{K\in FM(x)}|K\cap\sim X|$。所以 $\sum_{K\in FM(x)}|K\cap X|+\sum_{K\in S_X(x)}|K\cap\sim X|<m(x)$，即 $t_X(x)+f_X(x)<1$。由此可见，$t_X(x)\neq 1-f_X(x)$。证毕。

命题 3.7 $t_X(x)=1$ 当且仅当 $\forall K\in FM(x)$，$K\subseteq X$。

证明：($\Rightarrow$) 因为 $t_X(x)=1$，根据覆盖 Vague 集的定义可知 $\sum_{K\in FM(x)}|K\cap X|=m(x)$，再

由基数和的定义可知，$\forall K \in FM(x)$，$K \cap X = K$。从而$\forall K \in FM(x)$，$K \subseteq X$。

($\Leftarrow$) 由覆盖 Vague 集的定义可直接证明该结论成立。证毕。

推论 3.3 $f_X(x) = 0$ 当且仅当$\forall K \in FM(x)$，$K \subseteq X$。

证明：因为$f_X(x) = 0$，根据覆盖 Vague 集的定义可知，$(\cup S_{X|C}(x)) \cap X = \varnothing$，所以 $t_X(x) = 1$。则由命题 3.7 可直接得到该结论成立。

命题 3.8 $t_X(x) = 0$ 当且仅当$\forall K \in FM(x)$，$K \cap X = \varnothing$。

证明：($\Rightarrow$) 因为 $t_X(x) = 0$，根据覆盖 Vague 集的定义可知：（1）当$(\cup S_{X|C}(x)) \cap X = \varnothing$时，则$\forall K \in FM(x)$，使得 $K \cap X = \varnothing$；（2）当$(\cup S_{X|C}(x)) \cap X \neq \varnothing$时，因为 $t_X(x) = 0$，所以$(\cup S_{X|C}(x)) \cap X = \varnothing$，这与$(\cup S_{X|C}(x)) \cap X \neq \varnothing$相矛盾。因此，如果 $t_X(x) = 0$，则$(\cup S_{X|C}(x)) \cap X$必为空集。也就是说当 $t_X(x) = 0$ 时，$\forall K \in (\cup S_{X|C}(x))$都有 $K \cap X = \varnothing$。

($\Leftarrow$) 由覆盖 Vague 集的定义可直接证明该结论成立。证毕。

推论 3.4 $f_X(x) = 1$ 当且仅当$\forall K \in FM(x)$，$K \cap X = \varnothing$。

证明：因为 $f_X(x) = 1$，则 $t_X(x) = 1$。由命题 3.8 可直接得到该结论成立。

命题 3.9 $FM(x) = S_X(x)$当且仅当 $t_X(x) = 1 - f_X(x)$，并且$(\cup FM(x)) \cap X \neq \varnothing$。

证明：($\Rightarrow$) 因为 $FM(x) = S_X(x)$，则$(\cup FM(x)) \cap X \neq \varnothing$。又根据前面覆盖 Vague 集与元素上近似集族的定义可以得知，$\sum_{K \in FM(x)} |K \cap X| + \sum_{K \in S_X(x)} |K \cap \sim X| = m(x)$。从而 $t_X(x) + f_X(x) = 1$，即 $t_X(x) = 1 - f_X(x)$。

($\Leftarrow$) 因为$(\cup FM(x)) \cap X \neq \varnothing$以及 $t_X(x) = 1 - f_X(x)$，根据覆盖 Vague 集与元素上近似集族的定义可知，$\sum_{K \in FM(x)} |K \cap X| + \sum_{K \in S_X(x)} |K \cap \sim X| = m(x)$。再由基数和的定义可得：$FM(x) = S_X(x)$。证毕。

定理 3.4 设(U, C)是一个覆盖近似空间，$X, Y, Z \subseteq U$，X_V、Y_V、Z_V分别为 X、Y、Z 关于 C 的覆盖 Vague 集。则下面的性质是成立的：

（1）$X_V \cup Y_V = Y_V \cup X_V$，$X_V \cap Y_V = Y_V \cap X_V$；

（2）$X_V \cup (Y_V \cup Z_V) = (X_V \cup Y_V) \cup Z_V$，$X_V \cap (Y_V \cap Z_V) = (X_V \cap Y_V) \cap Z_V$；

（3）$X_V \cup X_V = X_V$，$X_V \cap X_V = X_V$；

（4）$X_V \cup (Y_V \cap Z_V) = (X_V \cup Y_V) \cap (X_V \cup Z_V)$，$X_V \cap (Y_V \cup Z_V) = (X_V \cap Y_V) \cup (X_V \cap Z_V)$；

（5）$X_V \cup U_V = U_V$，$X_V \cap U_V = X_V$，其中 $U_V = [1, 1]$；

（6）$X_V \cup \varnothing_V = X_V$，$X_V \cap \varnothing_V = \varnothing_V$，其中$\varnothing_V = [0, 0]$；

（7）$X_V \cup (X_V \cap Y_V) = X_V$，$X_V \cap (X_V \cup Y_V) = X_V$；

（8）$\sim(X_V \cup Y_V) = \sim X_V \cap \sim Y_V$，$\sim(X_V \cap Y_V) = \sim X_V \cup \sim Y_V$；

（9）$\sim(\sim X_V) = X_V$。

上述性质的具体证明可参考文献[12]。

3.4.4 覆盖 Vague 集与覆盖粗糙集之间的关系

本小节将讨论覆盖 Vague 集与覆盖粗糙集中一些重要概念之间的关系，如与邻域、最小描述、隶属族等的关系，这不仅有助于我们深化对覆盖 Vague 集的理解，而且也利于对它与覆盖粗糙集之间关系的认识。

定理 3.5 设(U, C)是一个覆盖近似空间，$x, y \in U$。则 $N(x) = N(y) \Leftrightarrow \cap Md(x) = \cap Md(y)$

$\Leftrightarrow \cap FM(x) = \cap FM(y)$。

证明：（1）当 $N(x) = N(y)$时。因为 $N(x) = N(y)$，所以$\forall K \in C$，如果 $x \in K$，则 $y \in K$，即 $FM(x) \subseteq FM(y)$；反之，$\forall K \in C$，如果 $y \in K$，则 $x \in K$，即 $FM(y) \subseteq FM(x)$，所以 $FM(x) = FM(y)$。从而，根据最小描述的定义可得：$Md(x) = Md(y)$。

（2）当 $Md(x) = Md(y)$时。因为 $Md(x) = Md(y)$，所以$\cap Md(x) = \cap Md(y)$，即 $N(x) = N(y)$。从而由（1）可得：$FM(x) = FM(y)$。

（3）当 $FM(x) = FM(y)$时。因为 $FM(x) = FM(y)$，所以$\cap FM(x) = \cap FM(y)$，再根据邻域的定义可知，$N(x) = N(y)$。从而由（1）可得：$\cap Md(x) = \cap Md(y)$。证毕。

命题 3.10　$\forall x, y \in U$，如果 $N(x) = N(y)$，则 $X_V(x) = X_V(y)$。

证明：$\forall x, y \in U$，因为 $N(x) = N(y)$，根据邻域的定义可知，$\forall K \in C$，如果 $x \in K$，则 $y \in K$。同理，如果 $y \in K$，则 $x \in K$。所以，$\forall K \in FM(x)$，则 $K \in FM(y)$，反之亦然。又根据基数和的定义可知，$m(x) = m(y)$。因此，根据覆盖 Vague 集中真隶属函数的定义可知，$t_X(x) = t_X(y)$。再由元素上近似集族的定义可知，$S_X(x) = S_X(y)$。因此，$f_X(x) = f_X(y)$。综上所述，可得 $X_V(x) = X_V(y)$。证毕。

由命题 3.10 我们可以得到下面两个推论：

推论 3.5　$\forall x, y \in U$，如果$\cap Md(x) = \cap Md(y)$，则 $X_V(x) = X_V(y)$。

推论 3.6　$\forall x, y \in U$，如果$\cap FM(x) = \cap FM(y)$，则 $X_V(x) = X_V(y)$。

3.4.5　覆盖 Vague 集的退化

从覆盖的定义我们知道，划分是一种特殊的覆盖。那么当覆盖是一个划分时，覆盖 Vague 集会有什么特点呢？下面我们先看一个例子。

例 3.6　设 $U = \{a, b, c, d, e, f, g, h\}$是一个论域，$X = \{a, b, c\}$是 U 的一个子集，$C = \{K_1, K_2, K_3, K_4\}$是 U 的一个覆盖，其中 $K_1 = \{a\}$，$K_2 = \{b, d\}$，$K_3 = \{c, e\}$，$K_4 = \{f, g, h\}$。求 X 关于 C 的覆盖 Vague 集。

根据定义 3.16、3.17 和 3.18 可得：$X_V(a) = [1, 1]$，$X_V(b) = [0.5, 0.5]$，$X_V(c) = [0.5, 0.5]$，$X_V(d) = [0.5, 0.5]$，$X_V(e) = [0.5, 0.5]$，$X_V(f) = [0, 0]$，$X_V(g) = [0, 0]$，$X_V(h) = [0, 0]$。

从上述例子可以发现，当 C 是论域上的一个划分时，对于 U 中任意元素 x，它相对 X 关于 C 的真隶属度的假隶属度满足：$t_X(x) = 1- f_X(x)$。也就是说每一个元素 x 从属于 X 的程度是确定的，都等于 $t_X(x)$[或 $1 - f_X(x)$]。此时的覆盖 Vague 集就退化为一个模糊集。

命题 3.11　当 C 为论域 U 的一个划分时，X 关于 C 的覆盖 Vague 集 X_V 为 U 上的一个模糊集。

证明：因为 C 为论域 U 的划分，所以$\forall x \in U$，$|FM(x)| = 1$，即：有且仅有一个 $K \in C$，使得 $x \in K$。根据元素上近似集族的定义可知，$FM(x) = S_X(x)$。因此，$|K \cap X| + |K \cap \sim X| = |(\cup FM(x)) \cap X| + |(\cup FM(x)) \cap \sim X| = |(\cup S_X(x)) \cap \sim X| + |(\cup S_X(x)) \cap X| = |(\cup FM(x))| = |(\cup S_X(x))| = |K|$。从而，$t_X(x) = 1- f_X(x)$。也就是说 x 从属于 X 的隶属度是确定的，即 $X_V(x) = t_X(x) = 1- f_X(x)$。此时，$X_V$ 就退化为一个模糊集，该模糊集的隶属函数为：$\mu_X(x) = t_X(x)$或$\mu_X(x) = 1 - f_X(x)$。证毕。

命题 3.12　设(U, C)是一个覆盖近似空间。$\forall x \in U$，$\forall X \subseteq U$，$t_X(x) + f_X(x) = 1 \Leftrightarrow C$ 是 U

上的一个划分。

证明：(⇒)假设 C 不是 U 上的一个划分，则$\exists x\in U$，使得 $|FM(x)|\geqslant 2$。从而$\exists K_i$，$K_j\in FM(x)$，$K_i\neq K_j$。由此，$\exists y\in(K_i-K_j)\cup(K_j-K_i)$。令 $X=\{y\}$，则根据元素上近似集族的定义可知，$S_X(y)\subset FM(y)$。因为$(\cup FM(y))\cap X\neq\varnothing$，由命题 3.9 可知，$t_X(y)\neq 1-f_X(y)$，即 $t_X(y)+f_X(y)\neq 1$。这与已知$\forall y\in U$以及$\forall X\subseteq U$，$t_X(y)+f_X(y)=1$ 相矛盾。所以假设不成立，C 是 U 上的一个划分。

(⇐) 因为 C 是 U 上的一个划分，所以$\forall x\in U$有且仅有一个 $K\in C$，使得 $x\in K$。因此，如果 $K\cap X=\varnothing$，则 $t_X(x)=0$，$f_X(x)=1$，从而 $t_X(x)+f_X(x)=1$；如果 $K\cap X\neq\varnothing$，则由命题 3.9 可得：$t_X(x)=1-f_X(x)$，即 $t_X(x)+f_X(x)=1$。证毕。

3.5 覆盖粗糙集与软集

覆盖粗糙集和软集都是用于处理不确定问题的理论，所不同的是前者基于论域上的覆盖来建立数据处理模型，而后者则是基于参数化的论域子集族。相比于覆盖，软集中参数化的子集族具有更弱的约束条件，它并没有要求子集族中所有集合的并等于论域，允许子集族中有元素完全相同的子集，甚至该子集族中还可以包含空集。在本节中我们深入分析两者之间的内在关系，通过定义补参的方式建立两者之间的联系，提出了基于覆盖的软粗糙集模型，讨论了该模型中存在的参数冗余的问题，并提出了解决的方法。同时，还对这类模型的性质进行研究，得到了一些重要结果。

3.5.1 软集基础知识

软集理论是由俄罗斯数学家 Molodtsov 在 1999 年最先提出的，是一种用于处理不确定和模糊数据的数学工具。[167]起初，Molodtsov 只是提出了软集的一些基本概念和结论，后来印度数学家 Maji[168, 169]做了大量补充工作，定义了软集中的交、并、补等一些基本运算，以及软子集等一些概念，并得到一些新的性质，对软集的发展起到了很大的推动作用。下面我们来回顾一下软集的一些基本知识。

在本小节中我们令 U 表示一个论域，E 为一个参数集合，$P(U)$是论域 U 的幂集。则可定义软集的概念如下：

定义 3.19 (软集[167]) 软集是 U 上的一个序对(F, E)，其中 $F: E\rightarrow P(U)$是一个从参数集 E 到论域幂集 $P(U)$的映射。

简单地说，软集是 U 上的一个参数化的子集族，即(F, E)可以表示为$\{F(e_i): e_i\in E\}$，其中 $F(e_i)$表示参数 e_i 在 F 作用下对应的 U 上的一个子集。需要说明的是，$F(e_i)$是 U 上一个任意的子集，它可以为空集，且对于不同参数所确定的子集之间可以有非空交集。

例 3.7 设论域 $U=\{h_1, h_2, h_3, h_4, h_5, h_6\}$是一个由代售房屋组成的集合，$E=\{e_1, e_2, e_3, e_4, e_5\}$是一个关于描述房屋情况的参数集合，其中，$e_1$ 表示“昂贵”，e_2 表示“美观”，e_3 表示“木质”，e_4 表示“便宜”，e_5 表示“带有花园”。

在上述情况下，定义 U 上关于参数 E 的一个软集就是一个关于“昂贵”房屋、“美观”

房屋等的子集族。于是，软集(F, E)可以描述为某个买房客户所关注的“房屋的特征”。假设$F(e_1) = \{h_2, h_4\}$，$F(e_2) = \{h_1, h_3\}$，$F(e_3) = \{h_3, h_4, h_5\}$，$F(e_4) = \{h_1, h_3, h_5\}$，$F(e_5) = \{h_1\}$，那么软集$(F, E)$可以表示为$\{F(e_i) : i = 1, 2, 3, 4, 5\}$。

3.5.2 基于覆盖的软粗糙集

从软集的定义我们知道，它是由F确定的从参数E到U的一个集值映射。在覆盖粗糙集中，如果将每个覆盖块都定一个标号，则可以将覆盖看成是从这些覆盖块的标号集合形成的参数集到覆盖块的双射形成的一个软集。由软集的特点可知，软集中各集合元素的并集不等于论域U，软集中允许有空集存在，这使得软集通常不构成论域U上的一个覆盖。也就是说覆盖可以看成是一个软集，而软集则一般不能说成是一个覆盖。为此，本小节将探索如何将任一软集转变成一个覆盖的方法，并在此基础上来研究覆盖粗糙集和软集之间的关系。

3.5.2.1 补参

在上述分析中我们不难发现，论域U与软集中集合元素的并之间的差集有可能不为空集，这是造成软集不是覆盖的一个根本原因。根据软集的定义，这个差集中的每个元素都不属于软集中的任何一个集合，也就是说没有任何参数与这些元素相对应。为了解决这个问题，我们可以考虑在软集的参数集合中添加一个特殊的参数，使得这个参数与该差集中的元素形成对应关系，从而形成一个新的参数集以及与之对应的软集，且该软集与论域U之间的差集为空集。于是，我们给出下面的定义。

定义 3.20 (补参)　设(F, E)是论域U上的一个软集。称ε_E为E的补参，它满足

$$F'(\varepsilon_E)=U-\cup_{e\in E} F(e) \tag{3-20}$$

其中$F' : E'\to P(U)$且$\forall e \in E$，$F'(e) = F(e)$，$E'= E \cup \{\varepsilon_E\}$被称为$(F, E)$的完全参数集。

在例 3.7 中，$\cup_{e\in E}F(e) = \{h_1, h_2, h_3, h_4, h_5\}$，所以$U-\cup_{e\in E}F(e) = \{h_6\}$，$E'= E \cup \{\varepsilon_E\} = \{e_1, e_2, e_3, e_4, e_5, \varepsilon_E\}$。容易看出，$\cup_{e\in E'}F'(e) = U$。

通过引入补参，我们可以得到一个从完全参数集到论域U的新软集，并且可以确保该软集的并等于 U，这就满足了覆盖中要求的所有覆盖块的并等于论域的这一要求。基于此，我们提出了软覆盖近似空间的概念。

定义 3.21 (软覆盖近似空间)　设(F, E)是论域U上的一个软集。称三元组(U, F', E')为一个软覆盖近似空间，其中E'是(F, E)的完全参数集，$F': E'\to P(U)$且$\forall e\in E$，$F'(e) = F(e)$。

在一个软覆盖近似空间(U, F', E')中，软集(F', E')的并集虽然满足与论域U相等的条件，但它可能包含有空集，所以，从严格意义上来说，(F', E')不能被称之为一个覆盖。因此，我们把(U, F', E')称为一个软覆盖近似空间也是体现了这点含义的。

3.5.2.2 基于覆盖的软粗糙集

本小节将在软覆盖近似空间这一概念的基础上来建立基于覆盖的软粗糙集模型，并对该模型的性质进行研究。下面我们先给出软覆盖近似空间下最小描述的概念。

定义 3.22　设$S=(U, F', E')$是一个软覆盖近似空间。称$Md_S(x)$为x关于S的最小描述，它满足

$$Md_S(x)=\{F'(e): e\in E' \wedge x\in F'(e) \wedge (\forall p\in E' \wedge x\in F'(p)\subseteq F'(e) \Rightarrow F'(p)=F'(e))\} \tag{3-21}$$

根据定义 3.22，我们建立基于覆盖的软粗糙集模型如下：

定义 3.23 (软下近似、软上近似)　设$S=(U, F', E')$是一个软覆盖近似空间，$X\subseteq U$。定义X关于S的软下近似$\underline{S}(X)$和软上近似$\overline{S}(X)$分别为

$$\underline{S}(X)=\cup\{F'(e)\in(F', E'): e\in E' \wedge F'(e)\subseteq X\} \tag{3-22}$$

$$\overline{S}(X)=\underline{S}(X)\cup \{Md_S(x): x\in X-\underline{S}(X)\} \tag{3-23}$$

在例 3.7 中，令$X=\{h_1, h_2, h_3\}$。则根据软下近似和软上近似的定义可得

$$\underline{S}(X)=\{h_1, h_3\},\quad \overline{S}(X)=\{h_1, h_2, h_3, h_4, h_5\}$$

下面我们来研究软覆盖近似空间中软下近似和软上近似的一些基本性质。

命题 3.13　设$S=(U, F', E')$是一个软覆盖近似空间，$X, Y\subseteq U$。则软下近似和软上近似具有如下的性质，如表 3-9 所示。

表 3-9

(1)	$\underline{S}(U)=U$	下近似余正规性
(2)	$\overline{S}(U)=U$	上近似余正规性
(3)	$\underline{S}(\varnothing)=\varnothing$	下近似正规性
(4)	$\overline{S}(\varnothing)=\varnothing$	上近似正规性
(5)	$\underline{S}(X)\subseteq X$	下近似收缩性
(6)	$X\subseteq \overline{S}(X)$	上近似扩张性
(7)	$\underline{S}(\underline{S}(X))=\underline{S}(X)$	下近似幂等性
(8)	$\overline{S}(\overline{S}(X))=\overline{S}(X)$	上近似幂等性
(9)	$X\subseteq Y\Rightarrow \underline{S}(X)\subseteq \underline{S}(Y)$	下近似单调性
(10)	$\forall e\in E'$，$\underline{S}(F'(e))=F'(e)$	下近似颗粒性
(11)	$\forall e\in E'$，$\overline{S}(F'(e))=F'(e)$	上近似颗粒性

证明：根据定义 3.22 和定义 3.23，我们很容易证明性质（1）～（6）、（10）和（11）是成立的，下面我们对其余几个性质给予证明。

性质（9）：因为$X\subseteq Y$，$\forall x\in \underline{S}(X)$，$\exists e\in E'$使得$x\in F'(e)$且$F'(e)\subseteq X\subseteq Y$。由定义 3.23 可知，$F'(e)\subseteq \underline{S}(Y)$，从而$x\in \underline{S}(Y)$。因此，$\underline{S}(X)\subseteq \underline{S}(Y)$。

性质（7）：由性质（5）可得$\underline{S}(\underline{S}(X))\subseteq \underline{S}(X)$。$\forall x\in \underline{S}(X)$，$\exists e\in E'$使得$F'(e)\subseteq X$。再由性质（9）可得$\underline{S}(F'(e))\subseteq \underline{S}(X)$。根据性质（10），可得$\underline{S}(F'(e))=F'(e)$，从而$F'(e)\subseteq \underline{S}(X)$，即$x\in \underline{S}(\underline{S}(X))$。因此，$\underline{S}(X)\subseteq \underline{S}(\underline{S}(X))$。于是可得$\underline{S}(\underline{S}(X))=\underline{S}(X)$。

性质（8）：根据性质（6），我们可得$\overline{S}(\overline{S}(X))\subseteq \overline{S}(X)$。$\forall x\in \overline{S}(X)$，总存在$e\in E'$

使得 $x \in F'(e)$且 $F'(e) \subseteq \overline{S}(X)$。于是$\underline{S}(\overline{S}(X)) \subseteq \overline{S}(X)$。再根据性质（6），可得$\overline{S}(\overline{S}(X)) = \underline{S}(\overline{S}(X))$。因此，$\forall x \in \overline{S}(\overline{S}(X))$，$x \in \overline{S}(X)$。从而$\overline{S}(\overline{S}(X)) = \overline{S}(X)$。证毕。

命题 3.13 反映了软下、软上近似具有的一些性质，下面我们探究它们的另外一些通常不具有的性质。

命题 3.14　设 $S = (U, F', E')$是一个软覆盖近似空间，$X, Y \subseteq U$。则软下近似和软上近似不具有如下的性质，如表 3-10 所示。

表 3-10

（1）	$\underline{S}(X) \cap \underline{S}(Y) = \underline{S}(X \cap Y)$	下近似可乘性
（2）	$\overline{S}(X) \cup \overline{S}(Y) = \overline{S}(X \cup Y)$	上近似可加性
（3）	$\underline{S}(X) = \sim(\overline{S}(\sim X))$，$\overline{S}(X) = \sim(\underline{S}(\sim X))$	上、下近似对偶性
（4）	$X \subseteq Y \Rightarrow \overline{S}(X) \subseteq \overline{S}(Y)$	上近似传递性
（5）	$\underline{S}(\sim \underline{S}(X)) = \sim \underline{S}(X)$	下近似关联性
（6）	$\overline{S}(\sim \overline{S}(X)) = \sim \overline{S}(X)$	上近似关联性

我们通过两个例子来证明命题 3.14 中各性质都是不成立的。其中，例 3.8 反映了命题 3.14 中的性质（1）、（3）、（5）和（6）是不成立的，例 3.9 反映了性质（2）和（4）是不成立的。

例 3.8　设 $S = (U, F', E')$是一个软覆盖近似空间，其中 $U = \{a, b, c, d\}$，$E' = \{e_1, e_2, e_3, e_4\}$，$F'(e_1) = \{a, b\}$，$F'(e_2) = \{a, c\}$，$F'(e_3) = \{b, c\}$，$F'(e_4) = \{b, c, d\}$，$X$ 和 Y 是 U 的两个子集，$X = \{a, c\}$，$Y = \{b, c\}$。

性质（1）不成立：根据软下近似的定义可得 $\underline{S}(X) = \{a,c\}$，$\underline{S}(Y) = \{b, c\}$，$\underline{S}(X \cap Y) = \varnothing$。因为 $\underline{S}(X) \cap \underline{S}(Y) = \{c\} \neq \varnothing$，所以 $\underline{S}(X) \cap \underline{S}(Y) = \underline{S}(X \cap Y)$ 不成立，即性质（1）不成立。

性质（3）不成立：$\sim X = \{a, c\}$，则 $\underline{S}(\sim X) = \varnothing$且 $\overline{S}(\sim X) = \{b, c, d\}$，所以$\sim(\overline{S}(\sim X)) = \{a\} \neq \{a, c\} = \underline{S}(X)$，即 $\underline{S}(X) = \sim(\overline{S}(\sim X))$ 不成立。同理，$\overline{S}(X) = \{a, c\} \neq \{a, b, c, d\} = \sim(\underline{S}(\sim X))$，即 $\overline{S}(X) \neq \sim(\underline{S}(\sim X))$。所以性质（3）是不成立的。

性质（5）不成立：因为 $\underline{S}(X) = \{a, c\}$，所以$\sim \underline{S}(X) = \{b, d\}$，再由软下近似的定义可得 $\underline{S}(\sim \underline{S}(X)) = \varnothing$，即 $\underline{S}(\sim \underline{S}(X)) \neq \sim \underline{S}(X)$。所以性质（5）不成立。

性质（6）不成立：因为 $\overline{S}(X) = \{a, c\}$，所以$\sim \overline{S}(X) = \{b, d\}$。再由软上近似的定义可得 $\overline{S}(\sim \overline{S}(X)) = \{a, b, c, d\}$，即 $\overline{S}(\sim \overline{S}(X)) \neq \sim \overline{S}(X)$。所以性质（6）不成立。

例 3.9　在例 3.8 中，令 $X = \{a\}$，$Y = \{b\}$，$Z = \{a, b\}$。

性质（2）不成立：由软下近似的定义可得 $\underline{S}(X) = \varnothing$，$\underline{S}(Y) = \varnothing$，$\underline{S}(Z) = \{a, b\}$。再由软上近似的定义可得 $\overline{S}(X) = \{a, b, c\}$，$\overline{S}(Y) = \{a, b, c, d\}$，$\overline{S}(Z) = \{a, b\}$。因此，$\overline{S}(X) \cup \overline{S}(Y) = \{a, b, c, d\} \neq \overline{S}(X \cup Y) = \overline{S}(Z) = \{a, b\}$，即性质（2）不成立。

性质（4）不成立：因为 $\overline{S}(Y) = \{a, b, c, d\} \neq \overline{S}(Z) = \{a, b\}$，所以性质（4）不成立。

3.5.3 软覆盖近似空间的运算及其性质

通过在软集的参数集中加入补参，我们建立了软覆盖近似空间，虽然该空间中的软集(F', E')并不是严格意义上的覆盖，但并不影响基于软覆盖近似空间建立的近似模型的计算。在本小节中我们将研究多个软覆盖近似空间之间的关系，发掘它们之间的内在联系。

定义 3.24 (参数等价类) 设 $S=(U, F', E')$是一个软覆盖近似空间，$e \in E'$。称 $S(e)=\{e_i \in E': F'(e_i)=F'(e)\}$是 e 关于 S 在 E'上的等价类。

根据定义 3.24 容易发现，E'所有的参数等价类形成的集合将构成 E'上的一个划分。我们用 $P_{E'}$来表示这个划分，即 $P_{E'}=\{S(e): e \in E'\}$。

Maji 通过定义软集上并、交、补运算研究了不同软集之间的一些关系，类似地，我们也可通过定义软覆盖近似空间的这些运算来研究不同软覆盖近似空间之间的关系。

定义 3.25 (软覆盖近似空间的并) 设 $S_1=(U, F', E_1')$和 $S_2=(U, G', E_2')$是两个软覆盖近似空间。我们定义 S_1 和 S_2 的并为 $S_1 \cup S_2=(U, H', E')$，其中 $E'=E_1' \cup E_2'$，且$\forall e \in E'$，

$$H'(e)=\begin{cases} F'(e) & e \in E_1'-E_2' \\ G'(e) & e \in E_1'-E_2' \\ F'(e) \cup G'(e) & e \in E_1' \cap E_2' \end{cases} \tag{3-24}$$

命题 3.15 设 $S_1=(U, F', E_1')$和 $S_2=(U, G', E_2')$是两个软覆盖近似空间。则 $S_1 \cup S_2=(U, H', E')$是一个软覆盖近似空间。

证明：根据补参和软覆盖近似空间的概念，$\cup\{F'(e): e \in E_1'\}=U$ 且$\cup\{G'(e): e \in E_2'\}=U$。再由 H'的定义，$\cup\{H'(e): e \in E'\}=U$。因此，$(U, H', E')$也是一个软覆盖近似空间。

命题 3.16 设 $S_1=(U, F', E_1')$和 $S_2=(U, G', E_2')$是两个软覆盖近似空间。如果$\forall e \in E_1' \cup E_2'$，$F'(e)=G'(e)$，那么$(F', E_1')=(G', E_2')$当且仅当$|P_{E_1'}|=|P_{E_2'}|=|P_{H'}|$。

证明：($\Rightarrow$) 如果$(F', E_1')=(G', E_2')$，那么$\forall e_i \in E_1'$，$\exists e_j \in E_2'$ 使得 $F'(e_i)=G'(e_j)$。再由定义 3.24 可得$|P_{E_1'}| \leqslant |P_{E_2'}|$。类似地，我们可得$|P_{E_2'}| \leqslant |P_{E_1'}|$。因此，$|P_{E_1'}|=|P_{E_2'}|$。又因为$\forall e \in E_1' \cup E_2'$ 且 $F'(e)=G'(e)$，由定义 3.24 和定义 3.25 可得$\forall e_i \in E_1'$，$\exists e_k \in E_1' \cup E_2'$ 使得 $F'(e_i)=H'(e_k)$，即$|P_{E_1'}|=|P_{H'}|$。同理可得$|P_{E_2'}|=|P_{H'}|$。从而$|P_{E_1'}|=|P_{E_2'}|=|P_{H'}|$。

($\Leftarrow$) $\forall e \in E_1' \cup E_2'$，$F'(e)=G'(e)$且$|P_{E_1'}|=|P_{E_2'}|=|P_{H'}|$。根据定义 3.24 和定义 3.25 可得$\forall e_i \in E_1'$，$\exists e_k \in E_1' \cup E_2'$ 使得 $F'(e_i)=H'(e_k)$，以及$\forall e_j \in E_2'$，$\exists e_l \in E_1' \cup E_2'$ 使得 $G'(e_j)=H'(e_l)$。此外，$\forall e_i \in E-E_1' \cup E_2'$，$\exists e_j \in E_2'$ 使得 $F'(e_i)=G'(e_j)$。由此，我们可得$(F', E_1')=(G', E_2')$。证毕。

推论 3.7 设 $S_1=(U, F', E_1')$和 $S_2=(U, G', E_2')$是两个软覆盖近似空间，$S_1 \cup S_2=(U, H', E')$。如果$(F', E_1')=(G', E_2')$，那么$(H', E')=(F', E_1')=(G', E_2')$。

Maji 等[169]提出了两个软集的交运算，但随后 Xu 等[170]证明前者提出的交运算可能存在着矛盾，并提出了一种新的交运算。基于这一新的交运算，我们提出了两个软覆盖近

似空间的交运算，并研究了它的性质。

定义 3.26 (软覆盖近似空间的交) 设 $S_1=(U,F',E_1')$和 $S_2=(U,G',E_2')$是两个软覆盖近似空间。我们定义 S_1 和 S_2 的交为 $S_1\cap S_2=(U,H',E')$，其中 $E'=E_1'\cup E_2'$，且$\forall e\in E'$，

$$H'(e)=\begin{cases}F'(e) & e\in E_1'-E_2'\\ G'(e) & e\in E_1'-E_2'\\ F'(e)\cap G'(e) & e\in E_1'\cap E_2'\end{cases} \tag{3-25}$$

命题 3.17 设 $S_1=(U,F',E_1')$和 $S_2=(U,G',E_2')$是两个软覆盖近似空间，$S_1\cap S_2=(U,H',E')$且$\forall e\in E_1'\cap E_2'$, $F'(e)=G'(e)$。如果$(F',E_1')=(G',E_2')$，那么$(H',E')=(F',E_1')=(G',E_2')$。

证明：因为$\forall e\in E_1'\cap E_2'$，$F'(e)=G'(e)$，由定义 3.24 和 3.25 可得$|P_{E_1'}|=|P_{E_2'}|=|P_{H'}|$。从而$(H',E')=(F',E_1')=(G',E_2')$。证毕。

3.5.4 软覆盖近似空间的约简

Molodtsov 在软集的定义中指出，对于软集(F,E)中的任一参数 $e\in E$，其对应论域 U 上的子集 $F(e)$可以是任意的一个集合。从而有可能存在 E 的一个子集 A，使得 A 中各参数对应同一个论域的子集，这使得在一个软覆盖近似空间中，也可能会存在大量的冗余覆盖块，从而降低了计算模型的计算效率，增加了存储空间的负担。为此，本小节将就此问题展开研究，寻求去除这些冗余数据的方法。

定义 3.27 (合并参数集) 设 $S=(U,F',E')$是一个软覆盖近似空间，$P_{E'}$ 是 E'上所有的参数等价类的集合。$\forall S(e)\in P_{E'}$，称 $cp_{S(e)}=\wedge_{e_i\in S(e)}e_i$ 为 $S(e)$关于 S 的一个合并参数，并称 $E_S'=\{cp_{S(e)}:S(e)\in P_{E'}\}$为关于 S 的合并参数集。

合并参数通过将同一参数等价类中的参数合并为一个参数，不仅减少了软集的参数集中的元素数目，而且也消除了软覆盖近似空间中的冗余覆盖块。此外，从某种意义上来说，合并参数将会提供更为丰富和高效的数据信息。下面通过一个例子来对此进行阐释。

例 3.10 设论域 $U=\{h_1,h_2,h_3,h_4,h_5,h_6\}$是一个由代售房屋组成的集合，$E=\{e_1,e_2,e_3,e_4,e_5\}$是一个关于描述房屋情况的参数集合，其中，$e_1$ 表示“昂贵”，e_2 表示“美观”，e_3 表示“木质”，e_4 表示“便宜”，e_5 表示“带有花园”。假设 $F(e_1)=\{h_2,h_4\}$，$F(e_2)=\{h_1,h_3\}$，$F(e_3)=\{h_2,h_4\}$，$F(e_4)=\{h_1,h_3,h_5\}$，$F(e_5)=\{h_2,h_4\}$，那么软集(F,E)可以表示为$\{F(e_i):i=1,2,3,4,5\}$。

根据参数等价类的概念我们知道，$P_E=\{\{e_1,e_3,e_5\},\{e_2\},\{e_4\}\}$。若令 $T_1=\{e_1,e_3,e_5\}$，$T_2=\{e_2\}$，$T_3=\{e_4\}$，则我们可以得到 $E_S'=\{cp_{T_1},cp_{T_2},cp_{T_3}\}=\{e_1\wedge e_3\wedge e_5,e_2,e_4\}$。其中，$cp_{T_1}$ 表示“昂贵”且“木质”且“带有花园”的房屋特征。若此时有个客户想买一个“木制”的但要“便宜”的房屋，那么我们很快就可以根据合并参数集确定没有满足要求的房屋。

定义 3.28 (软覆盖近似空间的约简)　设 $S=(U,F',E')$是一个软覆盖近似空间，E'_S是 S 的合并参数集，F'_S：$E'_S \to U$ 且 $\forall cp_{S(e)} \in E'_S$，$F'_S(cp_{S(e)})=F'(e)$。则称 $S'=(U,F'_S,E'_S)$ 为软覆盖近似空间 S 的约简。

在例 3.10 中，根据定义 3.28 可得 $(F'_S,E'_S)=\{\{h_2, h_4\}, \{h_1, h_3\}, \{h_1, h_3, h_5\}\}$，即：$F'_S(cp_{T_1})=\{h_2,h_4\}$，$F'_S(cp_{T_2})=\{h_1,h_3\}$，$F'_S(cp_{T_3})=\{h_1,h_3,h_5\}$。软覆盖近似空间 (U,F'_S,E'_S) 为 S 的约简。

命题 3.18　设 $S=(U,F',E')$是一个软覆盖近似空间，$S'=(U, F'_S, E'_S)$是 S 的约简。则 $\forall X \subseteq U$，$\underline{S}(X)=\underline{S'}(X)$ 且 $\overline{S}(X)=\overline{S'}(X)$。

根据定义 3.22、3.23、3.24 和 3.27，命题 3.18 显然是成立的。该命题使得我们在一个软覆盖近似空间进行近似运算时，可以先求出其约简，然后在此约简中进行计算，其运算结果与在原软覆盖近似空间下的计算结果保持一致。

3.6 本 章 小 结

本章将覆盖粗糙集与模糊集、Vague 集以及软集结合起来进行研究，分别建立了第四类覆盖粗糙模糊集模型、覆盖 Vague 集模型以及基于覆盖的软粗糙集模型，丰富了覆盖粗糙集的扩展研究。主要的研究成果如下：

（1）在覆盖粗糙集与模糊集结合研究方面。通过深入分析已有三类覆盖粗糙模糊集模型存在的问题，提出了模糊覆盖粗糙隶属度，并在此基础上建立了一类新的覆盖粗糙模糊集模型。该模型在建模时，充分考虑了元素与其最小描述之间的关系，以及其在给定模糊集中的隶属度。因此，它在对给定模糊集进行粗糙描述时，比其他三类此类模型表现得更为全面。统计实验结果表明，由该模型求得的关于给定模糊集 A 的上、下近似模糊集与 A 之间的贴近度均大于其他三类模型。此外，利用模糊集支集与核的特点，我们研究了第四类覆盖粗糙模糊集模型的退化问题。最后，从理论和统计实验两个方面对四类模型进行了比较分析，结果表明第四类覆盖粗糙模糊集与给定模糊集的贴近度均高于其他三类同类模型。

（2）在覆盖粗糙集与 Vague 集结合研究方面。从覆盖粗糙集中上、下近似与论域中各元素之间关系存在的不确定性出发，构建了任意覆盖上给定集合的覆盖 Vague 集，从一种新的角度展现了论域中各元素与给定集合之间的从属关系。通过覆盖 Vague 集所反映出的信息，我们对存在于覆盖粗糙集中的一些不确定现象有了更清晰的认识，即：覆盖下近似中的元素并非完全从属于给定集合，以及上近似之外的元素也并非完全不从属于给定集合等。此外，我们还对覆盖 Vague 集与覆盖粗糙集中的一些重要概念之间的关系进行研究，这也为我们用覆盖 Vague 集的观点去更好地理解和研究覆盖粗糙集提供了理论依据。最后，当覆盖退化为划分时，覆盖 Vague 集将退化成为一个模糊集。

（3）在覆盖粗糙集与软集的结合研究方面。在深入分析软集的特征及其与覆盖之间的内在联系后，提出了补参的概念，建立了软覆盖近似空间，并构造了基于覆盖的软粗糙集模型。通过在软覆盖近似空间中引入交、并运算，研究了不同软覆盖近似空间的关系与性质，证明了不同的软覆盖近似空间的交与并仍然是一个软覆盖近似空间。同时，给出了不同软覆盖近似空间具有相同近似运算的充要条件。最后，提出了软覆盖近似空间的约简概念，并证明对于论域上的任意集合，一个软覆盖近似空间与其约简产生的关于该集合的软上、软下近似相等。

第4章　覆盖的细化

4.1　引　　言

覆盖粗糙集是对 Pawlak 粗糙集进行扩展研究的一个重要成果，它将论域上的划分扩展为覆盖，建立了基于覆盖的上、下近似运算。划分和覆盖的相同点在于它们的并集是相等的，即都等于论域U。而它们之间的区别则在于划分中不同块之间的交集为空集，而覆盖中不同覆盖块之间的交集有可能不为空，划分是一种特殊的覆盖。事实上，在 Pawlak 粗糙集的很多扩展研究中，如在将等价关系扩展为相容关系[22, 147]、相似关系[20, 171]等很多广义粗糙集模型中，所处理的数据对象其实都是具有覆盖的结构。由于覆盖中的各覆盖块之间通常没有清晰的界限，即覆盖块之间可能存在不为空的交集，这就会造成在利用覆盖粗糙集模型计算目标集合的上、下近似时会产生较大的边界域。为应对这个问题，国内外许多学者从不同角度构造了多类覆盖粗糙集模型[25, 26, 30, 31, 45, 48, 115~118, 141, 145]，但这些模型在不同的覆盖上会表现出不同的近似描述效果，一般很难去直接比较孰优孰劣。

通过对覆盖特性的深入分析，我们发现造成上述问题的一个根本原因在于覆盖中元素归属的不确定性，即存在一个元素同时包含于多个覆盖块。在现实生活中，人们在对事物进行分类时，往往会根据它们之间是否具有某种共同的特性来进行区分，如蔬菜、水果等。在这些事物类之间并非都有着明确的界限，相反地，很多类之间包含着一些共同的对象，如西红柿既可以被看成是蔬菜也可以被认为是一种水果，这说明西红柿兼有蔬菜和水果各自一些重要特征。同样，黄瓜也常被认为既是蔬菜又是水果，但我们不能说对黄瓜和西红柿的这种分类结果的原因是完全相同的，只能说它们之间可能有部分相同的原因（如口感都很好），也可能有一些其他不同的原因。类似地，我们可以用这种方式去理解在覆盖中不同覆盖块之间存在非空交集的现象。

本章就是从上述分类观点中得到启发，对覆盖中元素与覆盖块之间的关系展开深入分析和研究，提出了一种对覆盖块进行细化的方法，其大致思想如下：

假设论域 $U=\{a, b, c, d, e\}$，$C=\{K_1, K_2, K_3, K_4\}=\{\{a, b, c\}, \{b, c\}, \{b, d\}, \{e\}\}$是论域$U$上的一个覆盖。可以很容易看出，元素$b$出现在覆盖块$K_1$、$K_2$和$K_3$中，元素$c$出现在覆盖块$K_1$和$K_2$中，而元素$a$、$d$、$e$都只分别出现在覆盖块$K_1$、$K_3$和$K_4$中。因此，我们可以把$b$、$c$看成是归属不确定的元素，而把$a$、$d$、$e$看成是归属确定的元素。将各个覆盖块中归属确定的元素取出，分别作为覆盖中一个新的覆盖块，并将每个覆盖块中归属不确定的元素分别与其归属确定的元素加以组合，得到一些新的覆盖块。如果一个覆盖块中只有归属确定的或者归属不确定的元素，则不予变动。最后将所有这些新覆盖块和那些未变动的覆盖块组成一个新的覆盖，那么就得到了一个细化后的覆盖。

如果对于 K_1 而言，a 是归属确定的，而 b 和 c 是归属不确定的，那么将 a 取出，作为一个新的覆盖块$\{a\}$，然后将 b 和 c 分别与其组合，得到两个新的覆盖块$\{a, b\}$和$\{a, c\}$。之前把$\{a, b, c\}$在同一类可以理解为 b 和 c 都具有 a 的某些特性，但我们不能确定地说 b 所具有的 a 的特性与 c 具有的 a 的特性相同，因此，我们将其分解为$\{a, b\}$和$\{a, c\}$两类，意思是 b 具有 a 的部分特性而与之分在一类，c 也具有 a 部分特性而同属另一类，这就体现了它们有可能与 a 在特性上的交集不相等。同理，K_3 可以细化为$\{d\}$和$\{b, d\}$。由于 K_2 和 K_4 中都只包含归属不确定和归属确定的元素，所以不作变动。这样我们就得到了一个细化后的新覆盖$\{\{a\}, \{a, b\}, \{a, c\}, \{b, c\}, \{d\}, \{b, d\}, \{e\}\}$，如图 4-1 所示。图中上面一层是原覆盖的各个覆盖块，下面一层是覆盖细化后的各个覆盖块，每个覆盖块中的粗斜体字母表示确定元素。

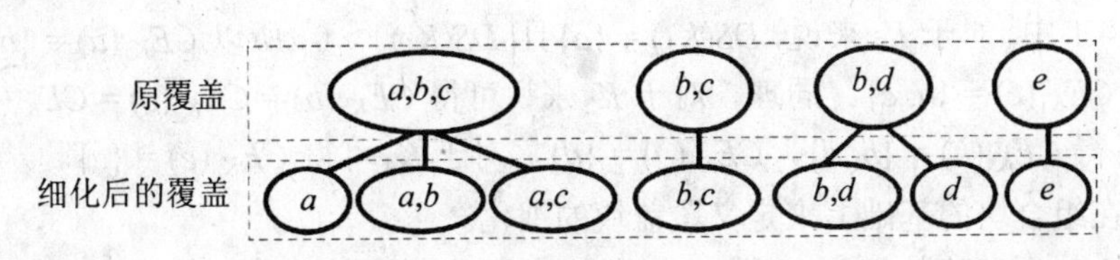

图 4-1 覆盖细化图

基于这种细化思想，我们提出了一些有关细化的基本概念，如覆盖块中的确定元素和不确定元素，以及覆盖细化运算等，并研究了它们之间的一些关系和性质，得到了一些有意义的结论。最后，我们在覆盖细化的基础上对已有的多类覆盖粗糙集模型进行了比较分析，探讨这些模型在覆盖细化前后所发生的变化，分析了覆盖细化后各模型之间的关系。

4.2 覆盖的细化

从上述分析中我们已大致了解了覆盖细化的基本思想，本节将通过定义一些概念来对这种思想进行形式化描述，并研究这些概念之间的关系以及它们与覆盖粗糙集中已有一些概念之间的关系，探讨它们所具有的一些基本性质。

4.2.1 覆盖细化的概念

在第 3 章中我们介绍了隶属族的概念，即在一个覆盖近似空间中，对论域的任一元素来说，其隶属族是由包含它的所有覆盖块构成的集族。在基于邻域的粗糙集中，元素的隶属族也可以看成是它的邻域系。我们将在这个概念的基础上来定义一些有关覆盖细化的基本概念。

定义 4.1 (确定元素、不确定元素) 设(U, C)是一个覆盖近似空间，$x \in U$，$FM(x)$为 x 关于 C 的隶属族。如果$|FM(x)| = 1$，则称 x 是关于 C 的一个确定元素；否则，称 x 是关于 C 的一个不确定元素。

定义 4.2 (覆盖块的确定元素集) 设(U, C)是一个覆盖近似空间，$K \in C$。称 K 中所有确定元素组成的集合为 K 关于 C 的确定元素集，记为

$$DS_C(K)=\{x\in K : |FM(x)|=1\} \tag{4-1}$$

在与其他不混淆的情况下，可省略下标 C。

例 4.1　给定一个论域 $U=\{a, b, c, d, e\}$，$C=\{K_1, K_2, K_3, K_4\}=\{\{a, b, c\}, \{b, c\}, \{b, d\}, \{e\}\}$是论域$U$的一个覆盖。则根据定义 3.15 可知，$|FM(a)|=|FM(d)|=|FM(e)|=1$，即 a、d和 e 是关于覆盖 C 的确定元素。$|FM(b)|=3$，$|FM(c)|=2$，所以 b 和 c 是关于 C 的不确定元素。根据定义 4.2 可得：$DS(K_1)=\{a\}$，$DS(K_2)=\varnothing$，$DS(K_3)=\{d\}$，$DS(K_4)=\{e\}$。

定义 4.3 (组合块)　设(U, C)是一个覆盖近似空间。对任意的$K\in C$且$x\in K$，定义

$$CE_K(x)=\begin{cases} DS(K)\cup\{x\} & |DS(K)|>0 \\ K & |DS(K)|=0 \end{cases} \tag{4-2}$$

则称 $CE_K(x)$为 x 在 K 中关于 C 的组合块。

在例 4.1 中，对于 K_1 来说，$DS(K_1)=\{a\}$且$|DS(K_1)|>0$，所以 $CE_{K_1}(a)=\{b\}$，$CE_{K_1}(b)=\{a, b\}$，$CE_{K_1}(c)=\{a, c\}$。同理，对于 K_2 来说可得 $CE_{K_2}(b)=CE_{K_2}(c)=CE_{K_2}(c)=\{b, c\}$，对于 K_3 可得 $CE_{K_3}(b)=\{b, d\}$，$CE_{K_3}(d)=\{d\}$。对于 K_4 可得 $CE_{K_4}(e)=\{e\}$。

下面在组合块的基础上来定义覆盖块的细化。

定义 4.4 (覆盖块的细化)　设(U, C)是一个覆盖近似空间，$K\in C$。则定义覆盖块 K 的细化为

$$RCE(K)=\{CE_K(x) : x\in K\} \tag{4-3}$$

在例 4.1 中，$RCE(K_1)=\{\{a\}, \{a, b\}, \{a, c\}\}$，$RCE(K_2)=\{\{b, c\}\}$，$RCE(K_3)=\{\{d\}, \{b, d\}\}$，$RCE(K_4)=\{\{e\}\}$。

定义 4.5 (覆盖的细化)　设(U, C)是一个覆盖近似空间。定义覆盖 C 的细化为

$$C'=\cup\{RCE(K) : K\in C\} \tag{4-4}$$

在例 4.1 中，$C'=RCE(K_1)\cup RCE(K_2)\cup RCE(K_3)\cup RCE(K_4)=\{\{a\}, \{a, b\}, \{a, c\}, \{b, c\}, \{d\}, \{b, d\}, \{e\}\}$。

定义 4.6 (覆盖细化算子)　设(U, C)是一个覆盖近似空间。定义细化算子 r 为

$$r(C)=C' \tag{4-5}$$

4.2.2　主要结论和性质

在 4.2.1 节中我们给出了一些有关覆盖细化的基本概念，在此基础上我们来研究它们的性质和相互之间关系，并对它们与覆盖粗糙集中的一些已有概念的关系进行讨论。

命题 4.1　设(U, C)是一个覆盖近似空间，$K\in C$。则$\cup RCE(K)=K$。

根据定义 4.4，我们很容易得出这个结论。这个命题反映了覆盖块与其细化之间的关系，如果将 K 看成是一个论域，则 $RCE(K)$构成 K 上的一个覆盖。由这个命题我们可以得到如下三个推论。

推论 4.1　$\forall K\in C$，$\exists T\subseteq r(C)$使得$\cup T=K$。

推论 4.2　$\forall T\in r(C)$，$\exists K_T\in C$ 使得 $T\subseteq K_T$且$\forall K\in C$，$\exists T_K\in r(C)$使得 $T_K\subseteq K$。

这两个推论反映了覆盖及其细化中覆盖块之间的关系，从中我们可以看出，覆盖细化中的覆盖块均不大于该覆盖中的任何一个覆盖块。

推论 4.3 设(U, C)是一个覆盖近似空间。则$r(C)$也是U上的一个覆盖。

对于一个覆盖来说，它的细化是否是唯一的呢？下面我们来研究这个问题。

命题 4.2 设(U, C)是一个覆盖近似空间。则$r(C)$是唯一的。

证明：根据定义 4.3 可知，对于$\forall K \in C$，$RCE(K)$是由K中的确定元素和不确定元素唯一决定的，且对于任意不同的两个覆盖块$K_1, K_2 \in C$，$RCE(K_1) \cap RCE(K_2) = \varnothing$。从而可得$r(C)$是唯一的。证毕。

从覆盖细化的相关定义，我们知道确定元素和不确定元素在对覆盖进行细化时有着实质影响，那么在覆盖的细化中，这些元素会产生哪些变化呢？对于一些特殊的覆盖块，如那些只包含确定元素或者只包含不确定元的覆盖块，在覆盖的细化中又会有着怎样的不同？下面将针对这些问题进行分析和研究。

定理 4.1 设(U, C)是一个覆盖近似空间，$K \in C$。如果$\forall x \in K$，都有$|FM(x)| = 1$，则$K \in r(C)$。

证明：根据定义 4.2 可知，$DS_C(K) = \{x \in K : |FM(x)| = 1\} = K$。再根据定义 4.3 可知，$\forall x \in K$，$CE_K(x) = K$，继而由定义 4.4 可得$RCE(K) = \{K\}$。再根据定义 4.5 可得$K \in r(C)$。证毕。

命题 4.3 设(U, C)是一个覆盖近似空间。$\forall x \in U$，如果x是一个关于C的不确定元素，则x也是一个关于$r(C)$的不确定元素。

证明：因为x是一个关于C的不确定元素，则说明至少存在两个不同的覆盖块K_1，$K_2 \in C$使得$x \in K_1$且$x \in K_2$。再根据定义 4.2~4.5 可知，存在T_1，$T_2 \in r(C)$且$T_1 \neq T_2$使得$T_1 \subseteq K_1$，$T_2 \subseteq K_2$且$x \in T_1$，$x \in T_2$。从而$|FM_{r(C)}(x)| > 1$，即x是一个关于$r(C)$的不确定元素。证毕。

定理 4.2 设(U, C)是一个覆盖近似空间，$K \in C$。如果$\forall x \in K$，都有$|FM(x)| > 1$，则$K \in r(C)$。

证明：由定义 4.2 可知，$DS(K) = \varnothing$，从而$|DS(K)| = 0$。根据定义 4.3 可知，$\forall x \in K$，$CE_K(x) = K$，继而由定义 4.4 可得$RCE(K) = \{K\}$。再根据定义 4.5 可得$K \in r(C)$。证毕。

在得到一个覆盖的细化之后，是否有必要继续对这个覆盖的细化再进行细化运算呢？也就是说，对一个覆盖的细化再细化是否还会有新的覆盖块产生？经过研究与分析后，我们发现对一个覆盖的细化再进行细化，将不会产生一个新的覆盖。于是，得到下面这个定理。

定理 4.3 设(U, C)是一个覆盖近似空间，r是覆盖细化算子。则$r(C) = r(r(C))$。

证明：通过对覆盖块的观察与分析，我们从覆盖块是否含有确定元素或者不确定元素的角度，可以将覆盖块分为三种情况：（1）覆盖块中全为确定元素；（2）覆盖块中全为不确定元素；（3）覆盖块中既有确定元素，也有不确定元素。下面从这三个方面出发来对本定理进行证明。

根据定理 4.1 和 4.2 可知，若一个覆盖块K满足（1）或者（2），则$K \in r(C)$。如果K满足（1），则说明在C中除K之外的任何覆盖块都与K的交集为空，那么在这些覆盖块的细化中各块也均与 K 的交集为空，即$\forall K_1 \in C-K$，$\cup RCE(K) \cap K=\varnothing$。因此，$\forall x \in K$，$x$ 是一个关于 $r(C)$的确定元素。所以 K 关于 $r(C)$的细化只包含其自身，即 $RCE_{r(C)}(K)=\{K\}$，从而 $K \in r(r(C))$。同理，若 K 满足（2），也可得到 $K \in r(r(C))$。

如果覆盖块 K 满足（3），则根据覆盖块细化的定义可知，$\forall x \in K$，x 是一个关于 $r(C)$ 的不确定元素。再由上述（1）和（2）的结果可得，$\forall T \in RCE(K)$，$T \in r(r(C))$。

综上所述，$r(C)=r(r(C))$。证毕。

定理 4.3 表明，对一个覆盖的细化再进行细化，将不会产生一个新的覆盖，所以我们没有必要对一个覆盖的细化再进行细化。

当一个覆盖细化后会得到一个新的覆盖，那么它们之间具有什么样的关系以及覆盖细化后会有哪些新的性质，这都需要作进一步的分析和研究。下面我们来看在什么情况下一个覆盖会和它的细化相等。

命题 4.4　设(U, C)是一个覆盖近似空间。$C=r(C)$当且仅当$\forall K \in C$ 以及$\forall x \in K$，$|FM(x)|=1$ 或者$\forall x \in U$，$|FM(x)|>1$。

证明：($\Rightarrow$) 因为 $C=r(C)$，所以$\forall K \in C$，$K \in r(C)$。根据定义 4.3 可知，$\forall x \in K$，$CE_K(x)=K$，从而可知 $DS(K)=K$ 或者 $DS(K)=\varnothing$，即$\forall x \in K$，$|FM(x)|=1$ 或者$\forall x \in U$，$|FM(x)|>1$。

($\Leftarrow$) $\forall K \in C$，如果$\forall x \in K$，都有$|FM(x)|=1$，则根据定理 4.1 可知$\forall K \in C$，$K \in r(C)$。所以，$C=r(C)$。同理，$\forall K \in C$，如果$\forall x \in K$，都有$|FM(x)|>1$，则根据定理 4.2 可知$\forall K \in C$，$K \in r(C)$。所以，$C=r(C)$。证毕。

推论 4.4　如果 C 是一个划分，则 $C=r(C)$。

命题 4.5　设(U, C)是一个覆盖近似空间。$\forall x \in U$，如果 x 是一个关于 C 的确定元素，则$\cup Md_{C'}(x) \subseteq \cup Md_C(x)$。

证明：$\forall x \in U$，如果 x 是一个关于 C 的确定元素，则存在且仅存在一个 $K \in C$，使得 $x \in K$，从而 $Md_C(x)=\{K\}$，即$\cup Md_C(x)=K$。此时，分两种情况讨论：（1）若$\forall y \in K$，都有$|FM(x)|=1$，则由定理 4.1 可知，$K \in r(C)=C'$且$\forall x \in K$，x 都是关于 C'的确定元素，从而可得$\cup Md_{C'}(x)=\{K\}$，即$\cup Md_{C'}(x)=K$。于是$\cup Md_{C'}(x) \subseteq \cup Md_C(x)$成立。（2）若$\exists y \in K$，使得$|FM_C(y)|>1$，$DS_C(K) \subseteq K-\{y\}$。假设 K 中所有不确定元素组成的集合为 Y，即 $Y=\{y \in K : |FM_C(y)|>1\}$，则 $DS_C(K)=K-Y$。根据定义 4.3 可知，$x \in DS_C(K) \subseteq K$ 且 $Md_{C'}(x)=\{DS_C(K)\}$。于是，$\cup Md_{C'}(x) \subseteq \cup Md_C(x)$。综上所述，$\forall x \in U$，如果 x 是一个关于 C 的确定元素，则$\cup Md_{C'}(x) \subseteq \cup Md_C(x)$。证毕。

命题 4.5 表明，对于论域中的任意一个元素，如果它是一个确定元素，那么它在覆盖的细化中的最小描述的并集是其在该覆盖中的最小描述并集的子集。那么是否只有元素为确定元素时才能得到这个结论呢？下面这个命题将对这个问题给出回答。

定理 4.4　设 (U, C) 是一个覆盖近似空间，$x \in U$。则$\forall y \in \cup FM(x)-\cup Md(x)$，都有$|FM(y)|>1$ 当且仅当$\cup Md_{C'}(x) \subseteq \cup Md_C(x)$。

证明：(⇒) 若$\cup FM(x)-\cup Md(x)=\varnothing$，则说明 x 是一个确定元素，从而根据命题 4.5 可知$\cup Md_{C'}(x)\subseteq\cup Md_C(x)$。若$\cup FM(x)-\cup Md(x)\neq\varnothing$，则存在 $K_1\in Md(x)$使得至少存在一个覆盖块$K_1'\in C-K_1$且$K_1\subset K_1'$。如果$\forall y\in K_1'$，$|FM(y)|>1$，则由定理 4.2 可知$K_1'\in r(C)=C'$且$K_1\in C'$，从而$K_1'\notin Md_{C'}(x)$。同理可知，$\forall K\in Md(x)$，如果存在$K'\in C-K$且$K\subset K'$，同时$\forall y\in K_1'$，$|FM(y)|>1$，则$K'\in C'$且$K\in C'$，从而$K'\notin Md_{C'}(x)$。再由命题 4.5 可知，若存在$K\in Md(x)$使得$K-DS(K)\neq\varnothing$，则存在$T\subset K$使得$T\in Md_{C'}(x)$。从而$\cup Md_{C'}(x)\subseteq\cup Md_C(x)$。

(⇐) 当$\cup Md_{C'}(x)\subseteq\cup Md_C(x)$时，则$\forall T\in C'$且$T\in Md_{C'}(x)$，都有$\exists K_T\in C$使得$T\subseteq K_T$且$K_T\in Md_C(x)$。此时若$K_T$中包含有关于 C 的确定元素，则$K_T\cap(\cup FM(x)-\cup Md(x))=\varnothing$，则$T\subset K_T$。若$K_T$中全为关于 C 的不确定元素，则$K_T\in C'$且$K_T=T$。此时，若存在$K\in C$使得$K_T\subseteq K$，那么如果$\exists y\in K-K_T$使得$|FM(y)|=1$，则根据定义 4.3～4.5 以及最小描述的定义可知，存在$T_1\subseteq K_T$且$T_1\in Md_{C'}(x)$使得$x\in T_1$且$y\in T_1$，从而$y\notin\cup Md_C(x)$，即$\cup Md_{C'}(x)$不是$\cup Md_C(x)$的子集，$\cup Md_{C'}(x)\subseteq\cup Md_C(x)$不成立。而这与已知矛盾，所以$\forall y\in K-K_T$，$|FM(y)|>1$。于是，可得$\forall y\in\cup FM(x)-\cup Md(x)$，$|FM(y)|>1$。证毕。

定理 4.4 表明，即便一个元素不是关于覆盖 C 的确定元素，但它在C'中最小描述的并集仍然是它在 C 中的最小描述并集的子集。

命题 4.6 设(U,C)是一个覆盖近似空间。则$\forall x\in U$，$N_{C'}(x)\subseteq N_C(x)$。

证明：根据推论 4.2 可知，$\forall x\in U$以及$\forall T\in C'$，如果$x\in T$，则一定存在$K_T\in C$使得$T\subseteq K_T$。再根据邻域的定义可知，$N_{C'}(x)\subseteq N_C(x)$。证毕。

4.3 覆盖等价类

利用确定元素和不确定元素我们建立了覆盖的细化方法，之前的结论也表明一个覆盖的细化仍然是论域上的覆盖，且对这个覆盖的细化再进行细化将不会产生新的覆盖。也就是说对于一个覆盖，可能存在论域上多个不同覆盖与其具有相同的细化，如当其自身与其细化不相等，则至少存在论域上的两个覆盖，即该覆盖与其细化。那么对于论域上任意覆盖来说，什么情况下覆盖与其细化保持一一对应的关系？什么情况下多个不同覆盖对应相同的细化，以及这些覆盖之间有什么联系？下面针对这些问题展开研究。

例 4.2 设论域$U=\{a,b,c,d\}$，C_1、C_2、C_3、C_4是 U 上的四个覆盖，其中$C_1=\{\{a,b\},\{c,d\}\}$，$C_2=\{\{a,b,c\},\{b,c,d\}\}$，$C_3=\{\{a\},\{a,b\},\{a,c\},\{b,c,d\}\}$，$C_4=\{\{a\},\{a,b\},\{a,c\},\{b,d\},\{c,d\},\{d\}\}$，分别求它们的细化。

从给出的覆盖我们发现，C_1中的每个覆盖块都只包含确定元素，从而形成论域 U 上的一个划分，而 C_2 和 C_3 中都存在同时含有确定元素和不确定元素的覆盖块，C_4 中的每个覆盖块包含的全都是不确定元素。根据覆盖细化的定义，我们可以分别得到它们的细化如下：

$r(C_1) = \{\{a, b\}, \{c, d\}\}$，即 $r(C_1) = C_1$；

$r(C_2) = \{\{a\}, \{a, b\}, \{a, c\}, \{b, d\}, \{c, d\}, \{d\}\}$，即 $r(C_2) = C_4$；

$r(C_3) = \{\{a\}, \{a, b\}, \{a, c\}, \{b, d\}, \{c, d\}, \{d\}\}$，即 $r(C_3) = C_4$；

$r(C_4) = \{\{a\}, \{a, b\}, \{a, c\}, \{b, d\}, \{c, d\}, \{d\}\}$，即 $r(C_4) = C_4$。

从例 4.2 可以发现，C_1 和 $r(C_1)$是一一对应的，而 C_2、C_3 和 C_4 的细化则都相同，即多个不同的覆盖对应着同一个细化。同时，根据命题 4.2 可知，每个覆盖的细化是唯一的。因此，如果我们将所有具有相同细化的覆盖看成一类，则可得到论域上所有覆盖的一个划分。下面从关系的角度来对这一问题进行探讨。

定义 4.7 (细化关系)　设 U 是一个论域，$\mathcal{C}$ 是 U 上所有覆盖的全体。$\forall C_1, C_2 \in \mathcal{C}$，定义 C_1 和 C_2 之间的细化关系 R_r 为

$$C_1 R_r C_2 \Leftrightarrow r(C_1) = r(C_2) \tag{4-6}$$

式中，r 表示覆盖的细化算子。

从定义 4.7 中我们很容易发现，R_r 满足自反性、对称性和传递性，即 R_r 是一个等价关系。

命题 4.7　设 U 是一个论域，$\mathcal{C}$ 是 U 上所有覆盖的全体。则 R_r 为 $\mathcal{C}$ 上的一个等价关系。

定义 4.8 (覆盖等价类)　设 U 是一个论域，$\mathcal{C}$ 是 U 上所有覆盖的全体。$\forall C \in \mathcal{C}$，定义 C 的覆盖等价类$[C]_{R_r}$ 为

$$[C]_{R_r} = \{C_i \in \mathcal{C} : r(C_i) = r(C)\} \tag{4-7}$$

显然，论域 U 上所有的覆盖等价类构成 $\mathcal{C}$ 的一个划分。

命题 4.8　设 U 是一个论域，$\mathcal{C}$ 是 U 上所有覆盖的全体。$\forall C \in \mathcal{C}$，$r(C) \in [C]_{R_r}$。

证明：根据定理 4.3 可知 $r(r(C)) = r(C)$，所以 $r(C) \in [C]_{R_r}$。证毕。

命题 4.9　设 U 是一个论域，$\mathcal{C}$ 是 U 上所有覆盖的全体。$\forall C \in \mathcal{C}$，如果 C 是一个划分，则$[C]_{R_r} = \{C\}$。

证明：根据定理 4.1 可知，如果 C 是一个划分，则$\forall K \in C$，$K \in r(C)$，从而可得 $C = r(C)$。如果$\exists C_1 \in [C]_{R_r} - C$，则由定义 4.2 以及定理 4.1 可知，$\forall K \in r(C)$，$K \in C_1$，从而 $C_1 = C$。所以这样的 C_1 是不存在的。因此，$[C]_{R_r} = \{C\}$。证毕。

如果令 $M_C = \max\{|C_i| : C_i \in [C]_{R_r}\}$，$m_C = \min\{|C_i| : C_i \in [C]_{R_r}\}$，则可得到下述定理。

定理 4.5　设 U 是一个论域，$\mathcal{C}$ 是 U 上所有覆盖的全体。$\forall C \in \mathcal{C}$，则下述命题成立：

（1）$| r(C) | = M_C$；

（2）$\forall C_i \in [C]_{R_r}$，$| C_i | = M_C$ 当且仅当 $C_i = r(C)$；

（3）$M_C = m_C$ 当且仅当$| [C]_{R_r} | = 1$；

（4）$M_C = m_C$ 当且仅当 C 是一个划分。

证明：（1）假设$| r(C) | \neq M_C$，则存在 $C_1 \in [C]_{R_r} - C$ 使得$| C_1 | = M_C$。那么存在 $K \in C_1$ 使得 $C_1 \notin r(C)$，从而根据覆盖块的细化及覆盖细化的定义可知，$r(C_1) \neq r(C)$，则 $C_1 \notin [C]_{R_r}$，这与前面的结论矛盾，即：假设错误，所以$| r(C) | = M_C$成立。

（2）可由（1）直接得出，（3）和（4）则可由命题 4.8 直接推得。证毕。

4.4 覆盖细化中的约简问题

Zhu 等[28, 45, 172]提出了覆盖中可约元的概念，并利用可约元设计出消除冗余的覆盖块的算法。作为覆盖粗糙集中一个重要的概念，我们在覆盖的细化研究中也很有必要对其中的约简问题进行探讨，如在对覆盖进行细化前是否需要进行约简，对覆盖先约简再细化与先细化再约简会有什么不同，以及覆盖细化后是否会存在可约元等问题。这些问题的充分讨论对我们理解覆盖细化中的约简问题将有非常大的帮助。

在覆盖中常常存在可约元，那么对于覆盖中的一个可约元，它是否还存在于覆盖的细化中以及它是否还是一个可约元呢？下面我们来讨论这些问题。

命题 4.10 设(U, C)是一个覆盖近似空间，$K \in C$。如果 K 是 C 中的一个可约元，则 $K \in r(C)$。

证明：如果 K 是 C 中的一个可约元，则存在一个子集 $C_S \subseteq C - K$ 使得$\cup C_S = K$，从而 K 中的所有元素均为不确定元素。根据定理 4.2 可知 $K \in r(C)$。证毕。

推论 4.5 如果 K 是 C 中的一个可约元，则 K 也是 $r(C)$中的一个可约元。

从命题 4.10 和推论 4.5 我们看出，覆盖的细化不会对覆盖中原有的可约元产生影响，那么在覆盖的细化中是否会产生新的可约元呢？我们先来看一个例子。

例 4.3 设论域 $U = \{a, b, c, d, e\}$，$C = \{\{a\}, \{b, c\}, \{a, b, c\}, \{a, d\}, \{c, e\}\}$。

根据细化的定义可得 $r(C) = \{\{a\}, \{b, c\}, \{a, b, c\}, \{d\}, \{a, d\}, \{e\}, \{c, e\}\}$，此时我们可以发现，在 $r(C)$中新增加了一个可约元$\{a, d\}$。

由此可见，对覆盖进行细化后，有可能会产生新的可约元。那么在什么条件下，覆盖的细化不会再产生新的可约元呢？经分析研究后我们得到如下命题。

命题 4.11 设(U, C)是一个覆盖近似空间，$K \in C$。如果$\forall x \in U$且 $FM(x) > 1$，都有$\{x\} \notin C$，则 K 是 C 中的可约元当且仅当 K 是 $r(C)$中的可约元。

证明：$(\Rightarrow)$ 根据命题 4.10 和推论 4.5 可知，如果 K 是 C 中的可约元，则 K 是 $r(C)$中的可约元。

$(\Leftarrow)$ 令 C_P 是由 C 中所有只含确定元素的覆盖块组成的集合，C_R 是由 C 中所有只含不确定元素的覆盖块组成的集合，即：$C_P = \{K \in C : \forall x \in K, |FM(x)| = 1\}$，$C_R = \{K \in C : \forall x \in K, |FM(x)| > 1\}$。则根据定义 4.2~4.5 以及定理 4.2 和 4.3 可得，$C_P \subseteq C$，$C_R \subseteq C$ 且 $r(C - C_P - C_R) = r(C) - C_P - C_R$。从而我们只需讨论在 $r(C) - C_P - C_R$ 中是否存在可约元，即 $r(C - C_P - C_R)$是否会产生可约元。根据定义 4.3 和 4.4，$\forall K \in C - C_P - C_R$，如果 $K \in RCE(K)$，则 K 中只含有一个不确定元素，可得 $RCE(K) = \{DS(K), K\}$，又因为$\forall x \in U$且 $FM(x) > 1$，都有$\{x\} \notin C$，所以 $RCE(K)$中不存在可约元；如果 $K \notin RCE(K)$，则 K 中含有一个以上的不确定元素，则$\forall T_K \in RCE(K)$，不存在 $T_S \subseteq RCE(K)$使得$\cup T_S = T_K$，又因为$\forall x \in U$且 $FM(x) > 1$，都有$\{x\} \notin C$，所以 $RCE(K)$中不存在可约元。从而可知$\forall T \in r(C - C_P - C_R)$，$T$ 都不是 $r(C - C_P - C_R)$中的可约元。因此，在 $r(C)$中不会产生新的可约元。

综上所述，如果$\forall x \in U$且 $FM(x) > 1$，都有$\{x\} \notin C$，则 K 是 C 中的可约元当且仅当

K 是 $r(C)$中的可约元。证毕。

命题 4.11 表明，对一个覆盖进行细化后，有可能会出现新的可约元，但在一定条件下，则不会出现新的可约元。此外，原覆盖中的可约元仍然存在于该覆盖的细化中，因此，如果不对覆盖进行约简，那么覆盖的细化中将仍然保留原覆盖中的冗余信息。

现在我们来考虑另外一个问题，如果对一个含有可约元的覆盖先约简再细化，其结果是否与对该覆盖先细化再约简进而再细化后的结果相同呢？我们先来看一个例子。

例 4.4　在例 4.3 中，对 C 按照“先约简再细化”和“先细化再约简进而再细化”的顺序进行细化。

根据约简的定义可得

$$reduct(C)=\{\{a\},\{b,c\},\{a,d\},\{c,e\}\}$$

再由细化的定义可得

$$r(C)=\{\{a\},\{b,c\},\{a,b,c\},\{d\},\{a,d\},\{e\},\{c,e\}\}$$

$$r(reduct(C))=\{\{a\},\{b\},\{b,c\},\{d\},\{a,d\},\{e\},\{c,e\}\}$$

$$r(reduct(r(C)))=\{\{a\},\{b\},\{b,c\},\{d\},\{e\},\{c,e\}\}$$

从而　$$r(reduct(C))\neq r(reduct(r(C)))$$

例 4.4 表明，对覆盖按照“先约简再细化”和“先细化再约简进而再细化”的顺序进行细化后，得到的结果有可能不相等。若按第一种的顺序，那么在得到的细化结果中对于新出现的可约元是无法消除的，而第二种顺序则可有效地去除原有的和新出现的冗余信息。造成这种结果的原因可以从命题 4.11 中得到答案，即存在 $a\in U$ 且 $FM(a)>1$，使得$\{a\}\in C$。因此，我们可以得到如下命题。

命题 4.12　设(U, C)是一个覆盖近似空间。$\forall x\in U$ 且 $FM(x)>1$，$\{x\}\notin C$ 当且仅当 $r(reduct(C))=r(reduct(r(C)))$。

证明：($\Rightarrow$) 由命题 4.11 可知，如果$\forall x\in U$ 且 $FM(x)>1$，都有$\{x\}\notin C$，则 $reduct(C)=reduct(r(C))$。从而可得 $r(reduct(C))=r(reduct(r(C)))$。

($\Leftarrow$) 因为 $r(reduct(C))=r(reduct(r(C)))$，所以 $reduct(C)=r(reduct(r(C))$，即 $r(C)$中没有增加新的可约元。再由命题 4.11 可知，$\forall x\in U$ 且 $FM(x)>1$，都有$\{x\}\notin C$。证毕。

4.5 覆盖的细化算法

在本节中我们将对覆盖的细化进行算法设计。从 4.4 节的分析中我们发现，如果对一个覆盖按照“先约简再细化”顺序进行细化，则无法去除由细化产生的新可约元，而若按照“先细化再约简进而再细化”的顺序进行细化，则不仅可以消除原覆盖中的可约元，而且也会去除由细化产生的新可约元。因此，我们将按照“先细化再约简进而再细化”的顺序来进行细化算法的设计。

我们给出的覆盖细化算法主要包括覆盖的约简和细化两部分。Zhu[143, 173]给出了一个覆盖约简的算法。由于覆盖的约简有这样两个特性：（1）对于任意的 $K\in C$，如果 K 是一个可约元，那么在 $C-\{K\}$中至少存在两个或两个以上的覆盖块 $K_1, K_2,\cdots, K_r$，使得 $K=$

$K_1 \cup K_2 \cup \cdots \cup K_r$；（2）如果 $K = K_1 \cup K_2 \cup \cdots \cup K_r$，则$|K| > |K_1|$，$|K| > |K_2|$，…，$|K| > |K_r|$，即可约元 K 的元素个数一定大于它的任意一个真子集的元素个数。因此，我们对 Zhu[143, 173]给出的覆盖约简算法进行改进，提出了一种改进的覆盖约简算法 *reductalgrithm*(C)，同时给出了覆盖的细化算法 *refinealgrithm*(C)，然后在这两者的基础上提出了对覆盖按照“先细化再约简进而再细化”的顺序进行细化的算法。

（1）改进的覆盖约简算法——*reductalgrithm*(C)。

输入：论域 U 的一个覆盖 $C = \{K_1, K_2, \cdots, K_m\}$。

输出：C 的约简 *reduct*(C)。

步骤 1：初始化：$C = reduct(C)$，$i = 3$；

步骤 2：$temp = \varnothing$，$j = 1$；

步骤 3：对 C 中覆盖块按元素数从小到大排序，得到覆盖 $C = \{P_1, P_2, \cdots, P_m\}$；

步骤 4：如果 $m < 3$，则转至步骤 14；

步骤 5：如果 $P_j \subset P_i$，则 $temp = temp \cup P_j$；

步骤 6：$j = j + 1$；

步骤 7：如果 $j < i$，则转至步骤 5；

步骤 8：如果 $temp \neq P_i$，转步骤 12；

步骤 9：$reduct(C) = reduct(C) - \{P_i\}$；

步骤 10：从第 i 个覆盖块开始重新编号：$P_i = P_{i+1}, P_{i+1} = P_{i+2}, \cdots, P_{m-1} = P_m$；

步骤 11：$j = 1$，转至步骤 5；

步骤 12：$i = i + 1$；

步骤 13：如果 $i \leqslant m$，转至步骤 11；

步骤 14：结束。

（2）覆盖的细化算法——*refinealgrithm*(C)。

输入：论域 U 的一个覆盖 $C = \{K_1, K_2, \cdots, K_m\}$；

输出：C 的细化 $r(C)$。

步骤 1：初始化：$r(C) = \varnothing$，$i = 1$，$h = 1$；

步骤 2：如果 $i > m$，转至步骤 13；

步骤 3：$DS(T_i) = \varnothing$，$IDS(T_i) = \varnothing$，$j = 1$；

步骤 4：$n = |T_i|$；

步骤 5：求取 $FM(x_j)$；

步骤 6：如果$|FM(x_j)| = 1$，则 $DS(T_i) = x_j$，$j = j + 1$，转至步骤 8；

步骤 7：$IDS(T_i) = x_j$，$j = j + 1$；

步骤 8：如果 $j < m$，转至步骤 5；

步骤 9：如果$|DS(T_i)| = 0$，则 $r(C) = r(C) \cup \{IDS(T_i)\}$，$i = i + 1$，转至步骤 2；

步骤 10：$r(C) = r(C) \cup \{DS(T_i) \cup \{x_h\}\}$，$h = h + 1$；

步骤 11：如果 $h < n$，转至步骤 10；

步骤 12：$h = 1$，$i = i + 1$，转至步骤 2；

步骤 13：结束。

（注：x_j 表示 T_i 中的第 j 个元素。）

（3）覆盖按照“先细化再约简进而再细化”的顺序进行细化的算法。

输入：论域 U 上的一个覆盖 C；

输出：对 C 先细化再约简进而再细化后的新覆盖 C'。

步骤 1：$C' = refinealgrithm(C)$;

步骤 2：$C' = reductalgrithm(C')$;

步骤 3：$C' = refinealgrithm(C')$;

步骤 4：结束。

4.6 覆盖细化前后各类覆盖粗糙集模型比较

覆盖的细化在一定程度上降低了原有知识的粒度大小，这会使覆盖粗糙集模型对目标集合的近似描述能力发生变化。在本节中我们将在覆盖细化的基础上，对现有的几类主要覆盖粗糙集模型进行比较，考察覆盖细化对于各模型在识别目标集合时的影响。此外，由于覆盖的约简不仅可以去除冗余信息，也可能会改变覆盖细化的结果，而且对覆盖进行细化和约简的顺序不同也会影响细化的结果，所以我们在下面的讨论中，覆盖细化都是假设采用“先细化再约简进而再细化”的顺序得到覆盖细化，即去除了新旧可约元的覆盖的细化。

本节中我们所讨论的覆盖粗糙集模型为第 2 章所介绍的六类常见的覆盖粗糙集模型。下面我们来分析在覆盖细化前后，这六类模型的下近似变化情况。

命题 4.13 设(U, C)是一个覆盖近似空间，$X \subseteq U$，$C' = r(reduct(r(C)))$。则在六类覆盖粗糙集模型中，X 关于 C 的下近似均包含于 X 关于 C'的下近似。

证明：根据 2.2.3 节中的介绍可知，$X_* = X_{\%} = X_{\#} = X_{@} = X_{+} = \cup\{K \in C : K \subseteq X\}$，即第一类至第五类的覆盖粗糙集模型的下近似相等，而第六类覆盖粗糙集模型的下近似为 $X_{\$} = \{x : N(x) \subseteq X\}$。为了方便证明，我们用 X_*来代表 X 的前五类关于 C 的下近似，X_{r*}代表 X 的前五类关于 C'的下近似。同理，$X_{r\$}$表示 X 的第六类关于 C'的下近似。

先证前五类下近似满足命题。由命题 4.1 和推论 4.2 可知，$\forall K \in \{K \in C : K \subseteq X\}$，$\exists T \subseteq r(C)$使得$\cup T = K$，即$\cup T \in \{K \in C : K \subseteq X\}$。也就是说，$\forall x \in X_*$，$x \in X_{r*}$，即 $X_* \subseteq X_{r*}$。因此，X 的前五类关于 C 的下近似均包含于 X 关于 C'的下近似。

再证第六类下近似满足命题。根据命题 4.6 可知，$\forall x \in U$，$N_{C'}(x) \subseteq N_C(x)$。因此，$\forall x \in U$，如果 $N_C(x) \subseteq X$，则由 $N_{C'}(x) \subseteq X$，即$\forall x \in X_{\$}$，$x \in X_{r\$}$。因此，$X_{\$} \subseteq X_{r\$}$。

综上所述，在六类覆盖粗糙集模型中，X 关于 C 的下近似均包含于 X 关于 C'的下近似。证毕。

下面我们来讨论覆盖细化前后六类覆盖粗糙集模型的上近似变化情况。从命题 4.5 和定理 4.4 中我们知道，元素的最小描述在覆盖细化前后通常不具有单调性，这也预示了基于最小描述的第一类和第三类模型的上近似，在覆盖细化前后的变化是多样的。

命题 4.14　设(U, C)是一个覆盖近似空间，$X \subseteq U$，$C' = r(reduct(r(C)))$。则在第二、四、五、六类覆盖粗糙集模型中，X关于C'的上近似均包含于X关于C的上近似。

证明：根据定义 2.11 和 2.12 可知，第二、四、五、六类覆盖粗糙集的上近似分别为：$X^{\%} = \cup\{K \in C : K \cap X \neq \varnothing\}$，$X^{@} = X_{@} \cup \{K \in C : K \cap (X - X_{@}) \neq \varnothing\}$，$X^{+} = X_{+} \cup \{N(x) : x \in X - X_{+}\}$，$X^{\$} = \{x : N(x) \cap X \neq \varnothing\}$。为了方便证明，我们用$X^{r\%}$，$X^{r@}$，$X^{r+}$和$X^{r\$}$分别来表示$X$在这几类模型中关于$C'$的上近似。

（1）$X^{r\%} \subseteq X^{\%}$。由命题 4.1 和推论 4.2 可知，$\forall T \in C'$，$\exists K_T \in C$ 使得 $T \subseteq K_T$。因此，$\forall T \in C'$，如果 $T \cap X \neq \varnothing$，则$\exists K_T \in C$ 使得 $T \subseteq K_T$ 且 $K_T \cap X \neq \varnothing$，即$\forall x \in X^{r\%}$，$x \in X^{\%}$。从而 $X^{r\%} \subseteq X^{\%}$。

（2）$X^{r@} \subseteq X^{@}$。从命题 4.13 可知，$X_{@} \subseteq X_{r@}$。$X - X_{@} = (X - X_{r@}) + (X_{r@} - X_{@})$，所以$\{K \in C : K \cap (X - X_{@}) \neq \varnothing\} = \{K \in C : K \cap (X - X_{r@}) \neq \varnothing\} \cup \{K \in C : K \cap (X_{r@} - X_{@}) \neq \varnothing\}$。于是，$X^{@} = X_{@} \cup \{K \in C : K \cap (X - X_{r@}) \neq \varnothing\} \cup \{K \in C : K \cap (X_{r@} - X_{@}) \neq \varnothing\}$。因为 $X^{r@} = X_{r@} \cup \{K \in C : K \cap (X - X_{r@}) \neq \varnothing\}$，所以我们只需证明 $X_{r@} \subseteq X_{@} \cup \{K \in C : K \cap (X_{r@} - X_{@}) \neq \varnothing\}$。根据命题 4.1 和推论 4.2，显然$(X_{r@} - X_{@}) \subseteq K \cap (X_{r@} - X_{@})$，即$\forall x \in (X_{r@} - X_{@})$，$x \in K \cap (X_{r@} - X_{@})$。因此，$\forall x \in X_{r@}$，$x \in X_{@} \cup \{K \in C : K \cap (X_{r@} - X_{@}) \neq \varnothing\}$。于是可得 $X^{r@} \subseteq X^{@}$。

（3）$X^{r+} \subseteq X^{+}$。可参照（2）的证明过程。

（4）$X^{r\$} \subseteq X^{\$}$。根据命题 4.1 和推论 4.2，如果 $N_{C'}(x) \cap X \neq \varnothing$，则 $N_C(x) \cap X \neq \varnothing$，即$\forall x \in X^{r\$}$，$x \in X^{\$}$。从而可得 $X^{r\$} \subseteq X^{\$}$。

综上所述，在第二、四、五、六类覆盖粗糙集模型中，X关于C'的上近似均包含于X关于C的上近似。证毕。

命题 4.14 的结论，对于第一类和第三类覆盖粗糙集的上近似一般是不成立的。下面通过例 4.5 来证明这一点。

例 4.5　设 $U = \{a, b, c, d, e\}$，$C = \{\{a\}, \{b, c\}, \{a, b, c\}, \{b, c, d, e\}\}$，$X = \{a, b\}$。

由定义 4.5 可得 $r(C) = \{\{a\}, \{b, c\}, \{a, b, c\}, \{d, e\}, \{b, d, e\}, \{c, d, e\}\}$。

由约简的定义可得 $reduct(r(C)) = \{\{a\}, \{b, c\}, \{d, e\}, \{b, d, e\}, \{c, d, e\}\}$，从而 $C' = r(reduct(r(C))) = \{\{a\}, \{b, c\}, \{d, e\}, \{b, d, e\}, \{c, d, e\}\}$。于是可得：$X_{*} = X_{r*} = \{a\}$，$X^{*} = \{a, b, c\}$，$X^{r*} = \{a, b, c, d, e\}$，即 $X^{r*} \not\subset X^{*}$。同理，$X^{\#} = \cup\{Md_C(x) : x \in X\} = \{a, b, c\}$，$X^{r\#} = \cup\{Md_{C'}(x) : x \in X\} = \{a, b, c, d, e\}$，即 $X^{r\#} \not\subset X^{\#}$。

从例 4.5 中我们发现，在某些时候第一类和第三类覆盖粗糙集的上近似不满足命题 4.14 中“X关于C'的上近似均包含于X关于C的上近似”这一结论。造成这一结果的原因是，存在论域中的一些元素，它们在原覆盖中的最小描述的并集不包含它们在覆盖的细化中的最小描述的并集。因此，若想这两类覆盖粗糙集的上近似满足命题 4.14，则要保证论域中每个元素关于原覆盖的最小描述并集要包含它关于覆盖细化的最小描述并集。于是，根据命题 4.5 和定理 4.4，我们可以得到下面这个命题。

命题 4.15 设(U, C)是一个覆盖近似空间，$x \in U$，$X \subseteq U$，$C' = r(reduct(r(C)))$。如果$\forall y \in \cup FM(x) - \cup Md(x)$，都有$|FM(y)| > 1$，则在第一类和第三类覆盖粗糙集模型中，$X$关于$C'$的上近似均包含于$X$关于$C$的上近似。

证明：根据定义 2.6 和 2.11 可知，第一类和第三类覆盖粗糙集的上近似分别为：$X^* = X_* \cup \{Md_C(x) : x \in X - X_*\}$，$X^\# = \cup\{Md_C(x) : x \in X\}$。为了方便证明，我们分别用$X^{r^*}$和$X^{r\#}$来表示$X$在这两类模型中关于$C'$的上近似。

（1）$X^{r^*} \subseteq X^*$。由命题 4.13 可知，$X_* \subseteq X_{r*}$。$X - X_* = (X - X_{r*}) + (X_{r*} - X_*)$，所以$\cup\{Md_C(x) : x \in X - X_*\} = \cup(\{Md_C(x) : x \in X - X_{r*}\} \cup \{Md_C(x) : x \in X_{r*} - X_*\})$。于是，$X^* = X_* \cup \{Md_C(x) : x \in X - X_{r*}\} \cup \{Md_C(x) : x \in X_{r*} - X_*\}$。因为$X^{r^*} = X_{r*} \cup \{Md_{C'}(x) : x \in X - X_{r*}\}$，根据定理 4.4 可知，$\cup\{Md_{C'}(x) : x \in X - X_{r*}\} \subseteq \cup\{Md_C(x) : x \in X - X_{r*}\}$，所以我们只需证明$X_{r*} \subseteq X_* \cup \{Md_C(x) : x \in X_{r*} - X_*\}$。根据命题 4.1、推论 4.2 以及定理 4.4，显然$X_{r*} \subseteq X_* \cup \{Md_C(x) : x \in X_{r*} - X_*\}$。于是可得$X^{r^*} \subseteq X^*$。

（2）$X^{r\#} \subseteq X^\#$。由定理 4.4 可直接得出此结论。

综上所述，如果$\forall y \in \cup FM(x) - \cup Md(x)$，都有$|FM(y)| > 1$，则在第一类和第三类覆盖粗糙集模型中，$X$关于$C'$的上近似均包含于$X$关于$C$的上近似。证毕。

在本节提出的三个命题中，覆盖的细化均指的是$C' = r(reduct(r(C)))$，而并非$C' = r(C)$，这样做的目的在于前者不仅可以有效地去除原覆盖中的可约元，而且也去除了由覆盖细化所产生的新可约元。另外，$r(reduct(r(C)))$中的知识粒度通常要比$r(C)$更细，这也能进一步增强各模型对目标集合的识别能力。当然，如果在这三个命题中，我们令$C' = r(C)$，这些结论也同样是成立的，而且在各模型中，目标集合关于$r(C)$的下近似包含于其关于$r(reduct(r(C)))$的下近似，对于上近似也同样存在类似的结果。由于约简能够去除覆盖中的冗余信息，在本节我们更为关注目标集合关于$r(reduct(r(C)))$的上、下近似，所以对后面这些结论不再另行证明。

4.7 本章小结

本章从分析覆盖中元素的特征入手，提出了确定元素和不确定元素的概念，并基于此给出了覆盖细化的定义和实现覆盖细化的算法，探讨了覆盖细化与覆盖粗糙集中一些已有的重要概念之间的关系，研究了覆盖细化的一些基本性质，并讨论了覆盖细化前后六种覆盖粗糙集模型的上、下近似的变化情况。主要研究结果体现在以下几个方面：

（1）证明了覆盖细化运算具有幂等性这一重要性质，并给出了一个元素关于覆盖的细化的最小描述并集包含于它关于原覆盖的最小描述并集的充要条件，这为后面进一步研究提供了依据。

（2）讨论了覆盖细化中的约简问题，给出了覆盖的细化中不产生新可约元的充要条件，探讨了不同的覆盖约简与细化顺序对覆盖细化的影响，为设计覆盖细化算法提供了理论依据。

（3）针对六类覆盖粗糙集模型，比较研究了它们的上、下近似在覆盖细化前后的变化情况，证明了它们在覆盖细化上的下近似均包含它们在原覆盖上的下近似，以及其中四类模型在覆盖细化后产生的上近似均包含于在原覆盖上产生的上近似，并对另外两类在何种条件下满足这一结论给出了证明。这些结果说明覆盖细化提高了各种模型对目标集合的近似描述精度。

第5章 粗糙集的拟阵结构

5.1 引 言

世界著名的物理学家理查德·费曼[174]在评论物理法则的特性时指出，对同一物理法则从不同的角度去等价刻画是非常重要的，尽管这些刻画在数学上是等价的，但它们在心理上是不同的，当人们在一个更广阔的情景中去猜测一个新的法则时，不同的刻画形式可能会为此带来与众不同的线索。虽然这是费曼在物理学研究中的一种观点，但它同样适用于其他领域的研究。因此，我们在研究粗糙集以及覆盖粗糙集时，用不同的数学理论去对它们进行刻画也是一件有意义且很有必要的工作。

事实上，自从经典粗糙集和覆盖粗糙集被提出以来，已出现了许多对它们进行等价刻画的研究成果，这些工作不仅充实和丰富了它们的数学理论基础，而且也拓宽了它们在实际问题中的应用面，极大地推动了其理论与应用的发展。如在经典粗糙集的研究中，模糊集被广泛地用于粗糙集的研究[11, 53, 57, 59, 60, 62, 175]，其中，Dubois 和 Prade[11]将模糊集与粗糙集相结合，创造性地提出了粗糙模糊集和模糊粗糙集，不仅在一定条件下可以等价地表示粗糙集，而且增强了粗糙集的一般性，推广了粗糙集的应用。在粗糙集的代数刻画方面也有许多的研究成果[78, 80, 176~185]，Pawlak[10]利用粗糙集上、下近似的概念，定义了论域幂集上的三个二元运算，获得了三个粗糙集代数，即 *P*-rough set 代数；Iwinski[176]从论域幂集上布尔代数的子代数角度给出了粗糙集的一种新解释，即*I*-rough set; Pomykala[177]提出了 Stone 代数，Comer[178, 180]提出了正则的双 Stone 代数。研究粗糙集的拓扑结构和格结构也是该研究领域中的一个重要内容，已有研究者做了许多重要工作[77, 186~189]。此外，Yao 等[67, 90, 94, 190]从概率论的角度对粗糙集进行了刻画，建立了概率粗糙集模型。在覆盖粗糙集与其他理论结合研究方面，也有大量的类似的研究成果[29, 35, 38, 45, 115, 132, 191, 192]。特别地，拟阵论在最近两年被一些学者引入经典粗糙集和覆盖粗糙集的研究中，并得到不少好的研究结果。

拟阵论是由 Whitney 在 1935 年提出的，它是一种同时推广了线性代数和图论的数学理论，被广泛地用于组合优化、贪心算法以及图着色等许多实际问题的解决。拟阵理论具有完备的公理化体系，如独立集公理、极小圈公理和基公理等，这不仅完善了其理论体系，而且也促进了它在现实问题中的应用。在已有的拟阵与粗糙集的结合研究中，Zhu 等[85, 86]研究了基于关系的广义粗糙集的拟阵结构，提出了拟阵粗糙近似算子，并基于这些算子进一步提出了上粗糙拟阵和下粗糙拟阵，从而建立了粗糙拟阵，不仅用拟阵的方法刻画了粗糙集，而且也推广了拟阵理论。Wang 等[83, 134]利用上近似数和横贯拟阵建立起覆盖粗糙集的拟阵结构，得到了覆盖粗糙集中一些新的性质。Li 等[82]通过拟阵中的闭包算子建立粗糙集与拟阵之间的联系，用拟阵闭包刻画了经典粗糙集中的近似算子，并将其推广到覆盖粗糙集中，提出了基于拟阵的覆盖粗糙集模型。

在本章中我们从新的角度研究了拟阵与粗糙集理论之间的关系。首先，我们将经典粗糙集中论域的划分转变成一族拟阵的集合，即将划分中的每个等价类用一个均匀拟阵来刻画，建立了基于均匀拟阵的粗糙集拟阵结构。其次，我们从图论的角度又构建了两类粗糙集的拟阵结构，即基于完全图的粗糙集拟阵结构和基于圈的粗糙集拟阵结构。最后，我们研究了这两种拟阵结构之间的关系，证明它们恰好是一组对偶拟阵。

5.2 拟 阵 和 图

拟阵最初建立的目的是为了更抽象地刻画线性代数中的线性相关与线性无关性，但随着研究的不断深入，人们发现了它与图论间的密切联系，并在这方面取得了许多有价值的研究成果，使得拟阵在网络流和图着色等很多与图论相关的应用中发挥了重要作用。本节就是从图与拟阵的密切联系中，发现了一些拟阵与粗糙集之间的有趣关系，从而构建了基于完全图和圈的粗糙集拟阵结构。在本节中我们将介绍一些有关拟阵的基本概念，以及一些与本节研究相关的图论知识，以方便读者能更好地理解我们所做的工作。

5.2.1 拟阵

拟阵理论主要是研究定义在一个集合的一些子集上的抽象相关关系或者不相关关系，这些关系在许多不同的数学分支中都可以找到等价描述。对于拟阵的定义，也有许多不同但等价的描述形式，这里关于拟阵的基本知识主要是参考了赖虹建[193]编写的《拟阵论》以及刘桂真等[194]编写的《拟阵》。

定义 5.1 (拟阵) 一个拟阵(matroid)M是一个有序对$(E, \mathcal{I})$，其中 E 是一个有限集合，$\mathcal{I}\subseteq 2^E$ 是 E 的一个子集族，它满足以下三个公理：

(I1) $\varnothing\in\mathcal{I}$;

(I2) 若 $I\in\mathcal{I}$，且 $I'\subseteq I$，则 $I'\in\mathcal{I}$;

(I3) 若 $I_1, I_2\in\mathcal{I}$且$|I_1|<|I_2|$，则存在 $e\in I_2-I_1$ 使得 $I_1\cup e\in\mathcal{I}$。

其中$|\cdot|$表示“ • ”的基数。

集合 $\mathcal{I}$ 中的元素称为独立集，因此公理(I1) ~ (I3)也被称为独立集公理。拟阵 M 也常记为 $M=M(E,\mathcal{I})$，并用 $E(M)$和$\mathcal{I}(M)$来分别强调 $E(M)$是 M 的元素集合，$\mathcal{I}(M)$是 M 的独立集集合。对于任意的子集 $X\subseteq E$，如果 X 不是 M 的独立集，则它是 M 的一个相关集。因此，M 的所有相关集的集合$\mathcal{D}(M)$被定义为

$$\mathcal{D}(M)=2^E-\mathcal{I}(M) \tag{5-1}$$

例 5.1 设 $\mathbf{A}=\{\boldsymbol{a},\boldsymbol{b},\boldsymbol{c},\boldsymbol{d}\}$是一个矩阵，$\boldsymbol{a}=(1,0,0)^T$，$\boldsymbol{b}=(0,1,0)^T$，$\boldsymbol{c}=(0,0,1)^T$，$\boldsymbol{d}=(1,1,0)^T$分别是 4 个列向量，$E=\{a,b,c,d\}$是 $\mathbf{A}$ 中的列向量的标签集，$\mathcal{I}\subseteq 2^E$ 且 $I\in\mathcal{I}$当且仅当 I 所对应的列向量是线性无关的。

我们可以很容易地发现，在 **A** 上存在三个最大的线性无关向量组，即(a, b, c)，(a, c, d)和(b, c, d)。在线性代数中我们知道，最大无关组的每个子集都是一个无关组。因此，如果将$\{a, b, c\}$，$\{a, c, d\}$和$\{b, c, d\}$看成是 E 上的三个独立集，则根据定义 5.1 可以得到$\mathcal{I} = \{\{a, b, c\}, \{a, c, d\}, \{b, c, d\}, \{a, b\}, \{a, c\}, \{a, d\}, \{b, c\}, \{b, d\}, \{c, d\}, \{a\}, \{b\}, \{c\}, \{d\}, \varnothing\}$。如果令 $I_1 = \{b, c\}$，$I_2 = \{a, c, d\}$，那么就有$|I_1| < |I_2|$，根据公理(I2)，一定存在 $e \in I_2 - I_1 = \{a, d\}$使得$\{b, c, e\} \in \mathcal{I}$。从上述的计算结果中我们容易地发现，当 $e = a$ 时有$\{a, b, c\} \in \mathcal{I}$。通过验证，我们不难发现，$\mathcal{I}$满足公理(I1) ~ (I3)，所以$(E, \mathcal{I})$是一个拟阵。此外，根据式(5-1)我们可以得到 M 的相关集集合$\mathcal{D}(M) = \{\{a, b, c, d\}, \{a, b, d\}\}$。

下面我们将介绍拟阵的一些特征，如极小圈、秩函数等。为了理解方便，先引入几个运算的定义。

定义 5.2 设 E 是一个集合，$\mathcal{A} \subseteq 2^E$ 是 E 的一个集族，$X, Y \subseteq E$ 是 E 上的两个子集。定义如下几个运算，如表 5-1 所示。

表 5-1

$Max(\mathcal{A})$	$= \{X \in \mathcal{A}$：对任意的 $Y \in \mathcal{A}$，若 $X \subseteq Y$，则 $X = Y\}$
$Min(\mathcal{A})$	$= \{X \in \mathcal{A}$：对任意的 $Y \in \mathcal{A}$，若 $Y \subseteq X$，则 $X = Y\}$
$Opp(\mathcal{A})$	$= \{X \subseteq E : X \notin \mathcal{A}\}$
$Com(\mathcal{A})$	$= \{X \subseteq E : E - X \in \mathcal{A}\}$

定义 5.3 (极小圈) 设 $M(E, \mathcal{I})$是一个拟阵，$\mathcal{D}(M)$是 M 的相关集集合。对于任意的 $X \in \mathcal{D}(M)$，如果不存在 $Y \in \mathcal{D}(M) - X$ 使得 $Y \subseteq X$，则 X 被称为是一个极小圈。M 的所有极小圈的集合记为$\mathcal{C}(M)$，即

$$\mathcal{C}(M) = Min(Opp(\mathcal{I})) \tag{5-2}$$

在例 5.1 中，$\mathcal{C}(M) = \{\{a, b, d\}\}$。当然，在不同的例子里，极小圈的个数往往是不相同的。

定理 5.1 (极小圈公理) 设 E 是一个集合。如果$\mathcal{C}$是 E 的一个子集族，那么存在 E 上的一个拟阵 M 使得$\mathcal{C}(M) = \mathcal{C}$当且仅当$\mathcal{C}$满足下面的公理：

(C1) $\varnothing \notin \mathcal{C}$；

(C2) 若 $C_1, C_2 \in \mathcal{C}$，且 $C_1 \subseteq C_2$，则 $C_1 = C_2$；

(C3) 若 $C_1, C_2 \in \mathcal{C}$，$C_1 \neq C_2$ 且$\exists e \in C_1 \cap C_2$，则$\exists\, C_3 \in \mathcal{C}$使得 $C_3 \subseteq (C_1 \cup C_2) - \{e\}$。

拟阵的极小圈公理告诉我们，对于 E 上的任意一个子集族，如果它满足公理(C1) ~ (C3)，则就一定存在 E 上的一个拟阵，使得这个拟阵的圈等于该子集族。

定义 5.4 (基) 设 $M(E, \mathcal{I})$是一个拟阵。对于任意 $I \in \mathcal{I}$，如果不存在 $I' \in \mathcal{I} - I$ 使得 $I \subseteq I'$，则称 I 是 M 的一个基。M 的所有基的集合记为$\mathcal{B}(M)$，即

$$\mathcal{B}(M) = Max(\mathcal{I}) \tag{5-3}$$

在例 5.1 中，$\mathcal{B}(M) = \{\{a, b, c\}, \{a, c, d\}, \{b, c, d\}\}$。也就是说，拟阵的基是所有极大

独立集的集合。

定义 5.5 (秩函数) 设 $M(E,\mathcal{I})$是一个拟阵，$X\subseteq E$。对于任意的$I\in\mathcal{I}$且$I\subseteq X$，如果不存在$I'\in\mathcal{I}-I$使得$I\subseteq I'$，则称$|I|$为X关于M的秩，记为$r_M(X)$，即

$$r_M(X)=\max\{|I|: I\subseteq X\wedge I\in\mathcal{I}(M)\} \tag{5-4}$$

$r_M: 2^E\to\mathbf{Z}$被称为是拟阵M的秩函数，其中$\mathbf{Z}$表示正整数集。

定义 5.6 (闭包) 设$M(E,\mathcal{I})$是一个拟阵，$X\subseteq E$。对任意$e\in E$，如果$r_M(X\cup e)=r_M(X)$，则称e依赖于X。E中所有依赖于X的元素构成的子集被称为X在M中的闭包，记为$cl_M(X)$，即

$$cl_M(X)=\{e\in E: r_M(X\cup e)=r_M(X)\} \tag{5-5}$$

如果E的一个子集X满足$X=cl_M(X)$，则称X为M的一个闭集。

定义 5.7 (支撑子集) 设$M(E,\mathcal{I})$是一个拟阵，$X\subseteq E$。如果存在$B\in\mathcal{B}(M)$使得$B\subseteq X$，则称X是M的一个支撑子集。M的所有支撑子集的集合记为$\mathcal{S}(M)$，即

$$\mathcal{S}(M)=\{X\subseteq E:\exists B\in\mathcal{B}(M)\text{使得 }B\subseteq X\} \tag{5-6}$$

定义 5.8 (超平面) 设$M(E,\mathcal{I})$是一个拟阵，$X\subseteq E$。如果X是M的一个闭集且$r_M(X)=r_M(E)-1$，则称X是M的超平面。M的所有超平面的集合记为$\mathcal{H}(M)$，即

$$\mathcal{H}(M)=\{X\subseteq E: X=cl_M(X)\wedge r_M(X)=r_M(E)-1\} \tag{5-7}$$

定义 5.9 (直和) 设$M_1(E_1,\mathcal{I}_1)$和$M_2(E_2,\mathcal{I}_2)$是两个拟阵，$E_1\cap E_2=\varnothing$，$E=E_1\cup E_2$，$\mathcal{I}=\{I_1\cup I_2: I_1\in\mathcal{I}_1\wedge I_2\in\mathcal{I}_2\}$。称$M(E,\mathcal{I})$为拟阵$M_1$和$M_2$的直和，记为$M=M_1\oplus M_2$。

定义 5.10 (均匀拟阵) 设$n\geqslant r\geqslant 0$是两个整数，E是一个含有n个元素的集合。如果$\mathcal{I}=\{X\subseteq E: |X|\leqslant r\}$，则称$(E,\mathcal{I})$是一个均匀拟阵，记为$U_{r,n}$。

定义 5.11 (限制) 设$M(E,\mathcal{I})$是一个拟阵，$X\subseteq E$。如果$\mathcal{I}_X=\{I\subseteq X: I\in\mathcal{I}\}$，则称拟阵$(X,\mathcal{I}_X)$为$M$在$X$上的限制，记为$M|X$。

定义 5.12 (划分拟阵) 设E是一个非空有限集合，$E_1,E_2,\cdots,E_m$是E上的一个划分，d_i是一个正整数。如果$\mathcal{I}=\{X\subseteq E: |X\cap E_i|\leqslant d_i, 1\leqslant i\leqslant m\}$，则称$M(E,\mathcal{I})$是一个划分拟阵。

5.2.2 图

本小节将介绍有关图论中的一些基本概念，如点、边、简单图和子图等。另外，还将介绍两类特殊的图，即完全图和圈。这里关于图论的基本知识主要来自参考文献[195]～[198]。

一个图G是由两个不相交集合V和E组成的有序对(V,E)，其中V是一个非空集合，被称为顶点集，记为$V(G)$；E是$V\times V$的一个子集，被称为边集，记为$E(G)$。一个图被称为是一个空图，如果它的边集为空集。$\{u,v\}$是连接着顶点u和v的一条边，简记为uv。在不强调方向的情况下，uv和vu指的是同一条边，顶点u和v被称为边uv的端点。如果$uv\in E(G)$，那么u和v被称为是相邻的。如果一条边$e=uv$，则称u和v与e相关联。如果一条边的两个端点为同一顶点，则称这条边为一个环。如果多条边具有相同的端点，

则称这些边为重边。

一个没有环和重边的图被称为一个简单图。如果两个简单图 G 和 H 之间存在一个双射 $f: V(G) \to V(H)$ 使得 $uv \in E(G)$ 当且仅当 $f(u)f(v) \in E(H)$，则称图 G 和图 H 是同构的，记为 $G \cong H$。

$G'(V', E')$ 和 $G(V, E)$ 是两个图，如果 $V' \subset V$ 且 $E' \subset E$，则称 G' 是 G 的一个子图，记为 $G' \subset G$。如果 G' 包含了 G 中由 V' 确定的所有边，则 G' 称为 V' 关于 G 的导出子图，记为 $G[V']$。因此，如果 G' 是 G 的一个子图且 $G' = G(V(G'))$，那么 G' 是 G 的一个导出子图。

图 G 的一个有限点边交替序列 $(v_0, e_1, v_1, e_2, v_2, \cdots, v_{m-1}\ e_m, v_m)$ 使得对 $1 \leqslant i \leqslant m$，$e_i$ 的端点是 v_{i-1} 和 v_i，称该序列为一条路径。边 $e_1, e_2, \cdots, e_m$ 组成的互不相同的路径称为链。顶点都不相同的链称为路。如果图中两点之间存在至少一条路径，就称它们是连通的。

定义 5.13 (完全图)　设 $G(V, E)$ 是一个图。如果 G 是一个简单无向图且 V 中任意两个不同顶点都是相邻的，那么 G 被称为是一个完全图。将一个含有 n 个顶点的完全图记为 K_n。

定义 5.14 (圈)　设图 G 是一条路径。如果 G 是首尾相连的且无重复的顶点，那么称 G 是一个圈。

在本章中，为了便于讨论和理解，我们将环看做是只含一个顶点的圈，将重边看做是含有两个顶点的圈。

5.3　基于均匀拟阵的粗糙集拟阵结构

粗糙集是以论域的划分为基础来建立近似计算模型，而划分中的基本元素是等价类，它们在目标集合的上、下近似计算中起着重要作用。为了更好地利用拟阵来研究粗糙集，我们将每个等价类转换成一个秩为 1 的均匀拟阵，从而得到了由一个划分导出均匀拟阵的集合。由于均匀拟阵是一种结构简单而便于计算的拟阵，通过直和运算我们可以很容易将多个均匀拟阵结合为一个新的拟阵。因此，在对由一个划分导出的一族均匀拟阵进行直和运算后，便得到了一个能够从整体上体现这个划分的新拟阵。进一步地，我们将论域的任意一个子集表示为这个新拟阵的一个限制，从而在一个完全的拟阵环境中去构建和研究粗糙近似计算模型。通过这种方式，我们不仅实现了用拟阵的方法去等价地刻画粗糙集，而且还发现并得到了一些在粗糙集中很难发掘到的性质。

5.3.1　划分导出的均匀拟阵集合

在本小节中我们对划分中的等价类与均匀拟阵之间的关系进行了研究，实现了两者之间的相互转换，并讨论了由一个等价类导出的均匀拟阵的特征，如极小圈、基和秩函数等。

在一个等价类中，任意两个不同元素都被认为是不可分辨的，如果将这种不可分辨关系理解成两者之间的相关性，同时元素与自身的不可分辨关系理解为元素的独立性，那么就可以将一个等价类转变成一个秩为 1 的均匀拟阵，而一个划分就转变成了若干均匀拟阵的集合。

定义 5.15 (*P-UMS*) 设 U 是一个论域，P 是 U 上的一个划分。定义由 P 导出的均匀拟阵的集合，简称为 *P-UMS*，即$\mathcal{U}(P)=\{\mathbb{U}_{1,|T|}: T\in P\}$，其中$\mathbb{U}_{1,|T|}=(T,\mathcal{I}_T)$是一个由 T 导出的均匀拟阵，且$\mathcal{I}_T=\{K\subseteq T:|K|\leqslant 1\}$。

例 5.2 设 $U=\{a,b,c,d,e,f,g\}$是一个论域，$P=\{T_1,T_2,T_3\}=\{\{a,b\},\{c,d,e,f\},\{g\}\}$是 U 上的一个划分。求 *P-UMS*。

根据定义 5.15，$\mathcal{I}_T=\{K\subseteq T:|K|\leqslant 1\}$。因此，$\mathcal{I}_{T_1}=\{\{a\},\{b\},\varnothing\}$，$\mathcal{I}_{T_2}=\{\{c\},\{d\},\{e\},\{f\},\varnothing\}$，$\mathcal{I}_{T_3}=\{\{g\},\varnothing\}$。从而$\mathbb{U}_{1,|T_1|}=(T_1,\mathcal{I}_{T_1})$，$\mathbb{U}_{1,|T_2|}=(T_2,\mathcal{I}_{T_2})$，$\mathbb{U}_{1,|T_3|}=(T_3,\mathcal{I}_{T_3})$。于是得到$\mathcal{U}(P)=\{\mathbb{U}_{1,|T_1|},\mathbb{U}_{1,|T_2|},\mathbb{U}_{1,|T_3|}\}$。

对于一个拟阵来说，它的一些特征，如极小圈、基、秩函数以及闭包等，是非常重要的，它们从不同的角度对拟阵进行了刻画。Wilson 对于均匀拟阵的特征进行了深入研究，在此基础上，我们给出由等价类转化而来的均匀拟阵的各主要特征的形式化表示。

设 U 是一个论域，P 是 U 上的一个划分，$T\in P$ 是一个等价类，$X\subseteq T$ 是一个子集，$\mathbb{U}_{1,|T|}$是由 T 导出的均匀拟阵。我们将$\mathbb{U}_{1,|T|}$的极小圈、基、秩函数、闭包以及支撑子集分别表示为

$\mathbb{U}_{1,|T|}$的极小圈的集合

$$\mathcal{C}(\mathbb{U}_{1,|T|})=\{K\subseteq T: |K|=2\} \tag{5-8}$$

$\mathbb{U}_{1,|T|}$的基的集合

$$\mathcal{B}(\mathbb{U}_{1,|T|})=\mathcal{I}_T-\varnothing \tag{5-9}$$

X 关于$\mathbb{U}_{1,|T|}$的秩函数

$$r_{\mathbb{U}_{1,|T|}}(X)=\begin{cases}0, & X=\varnothing\\ 1, & X\neq\varnothing\end{cases} \tag{5-10}$$

X 关于$\mathbb{U}_{1,|T|}$的闭包

$$cl_{\mathbb{U}_{1,|T|}}(X)=\begin{cases}\varnothing, & X=\varnothing\\ T, & X\neq\varnothing\end{cases} \tag{5-11}$$

$\mathbb{U}_{1,|T|}$的支撑子集的集合

$$\mathcal{S}(\mathbb{U}_{1,|T|})=2^E-\{\varnothing\} \tag{5-12}$$

式(5-8)～式(5-12)表明，等价类 T 中的任意两个不同元素形成了$\mathbb{U}_{1,|T|}$的一个极小圈，特别地，如果 T 只含有一个元素时，那么在$\mathbb{U}_{1,|T|}$中不存在极小圈。在$\mathbb{U}_{1,|T|}$中，任何单一元素构成的集合不仅是一个独立集，同时也是一个基。对于 T 的任意非空子集 X，它的秩恒为 1 且它的闭包恒为 T。反之，当 X 为空集时，它的秩和闭包分别恒为 0 和$\varnothing$。再从支撑子集的公式可以看出，T 的任意非空子集都是它的一个支撑子集。

5.3.2 *P-UMS* 的结合

在 5.3.1 节中，我们由一个划分得到了一族均匀拟阵，这为用拟阵的方式研究划分以及等价类提供了一种新的视角。为了能通过这些拟阵从整体上去分析和体现一个划分，在本小节中我们利用拟阵的直和运算去将得到的 *P-UMS* 结合成为一个新的拟阵。

定义 5.16 (*P-UMS* 的结合) 设 U 是一个论域，$P=\{T_1, T_2,\cdots, T_n\}$ 是 U 上的一个划分，$\mathcal{U}(P)$是 *P-UMS*。定义$\mathcal{U}(P)$的结合为

$$M_{\mathcal{U}(P)}=\bigoplus_{i=1}^{n}\mathbb{U}_{1,|T_i|}$$

由定义 5.9 可知，拟阵的直和仍然是一个拟阵，所以 $M_{\mathcal{U}(P)}$是一个拟阵，其中 $E(M_{\mathcal{U}(P)})=U$，$\mathcal{I}(M_{\mathcal{U}(P)})=\{I_1\cup I_2\cup\cdots\cup I_n : I_i\in\mathcal{I}_i\}$。

根据定义 5.12 可知，*P-UMS* 的结合是一个 d_i $(1\leqslant i\leqslant n)$为 1 的划分拟阵，与其他 d_i 不确定的划分拟阵相比，这种拟阵的结构相对简单，便于我们利用其来进行数据挖掘的研究工作。

例 5.3 根据例 5.2 中的已知条件，求 $M_{\mathcal{U}(P)}$。

所求解如表 5-2 所示。

表 5-2

$E(M_{\mathcal{U}(P)})$	$=T_1\cup T_2\cup T_3=\{a, b, c, d, e, f, g\}=U$
$\mathcal{I}(M_{\mathcal{U}(P)})$	$=\{I_1\cup I_2\cup I_3 : I_i\in\mathcal{I}_i\}$ $=\{\varnothing, \{a\}, \{b\}, \{c\}, \{d\}, \{e\}, \{f\}, \{g\}, \{a, c\},\{a, d\},$ $\{a, e\}, \{a, f\}, \{a, g\}, \{b, c\}, \{b, d\}, \{b, e\},\{b, f\}, \{b, g\},$ $\{c, g\}, \{d, g\}, \{e, g\}, \{f, g\}, \{a, c, g\}, \{a, d, g\}, \{a, e, g\},$ $\{a, f, g\}, \{b, c, g\}, \{b, d, g\}, \{b, e, g\}, \{b, f, g\}\}$

从例 5.3 中我们可以看出，$M_{\mathcal{U}(P)}$不再是一个均匀拟阵，而是一种特殊的划分拟阵。对于划分拟阵的特征，刘桂真等[194]已对它进行了详细的研究，在此基础上我们给出 *P-UMS* 的结合的各主要特征的形式化描述。

设 U 是一个论域，$P=\{T_1, T_2, \cdots, T_n\}$是 U 上的一个划分，$\mathcal{U}(P)$是 *P-UMS*，$M_{\mathcal{U}(P)}$是 *P-UMS* 的结合。我们将 $M_{\mathcal{U}(P)}$的极小圈、基、秩函数、闭包以及支撑子集分别表示如下：

$M_{\mathcal{U}(P)}$的所有极小圈的集合为

$$\mathcal{C}(M_{\mathcal{U}(P)})=\cup\{\mathcal{C}(\mathbb{U}_{1,|T|}) : \mathbb{U}_{1,|T|}\in\mathcal{U}(P)\} \tag{5-13}$$

$M_{\mathcal{U}(P)}$的所有基的集合为

$$\mathcal{B}(M_{\mathcal{U}(P)})=\{\bigcup_{i=1}^{n}B_i : B_i\in\mathcal{B}(\mathbb{U}_{1,|T|})\wedge\mathbb{U}_{1,|T|}\in\mathcal{U}(P)\} \tag{5-14}$$

X 关于 $M_{\mathcal{U}(P)}$的秩函数为

$$r_{M_{\mathcal{U}(P)}}(X) = \sum_{i=1}^{n} r_{\mathbb{U}_{1,\ |T_i|}}(X \cap T_i) \tag{5-15}$$

X 关于 $M_{\mathcal{U}(P)}$ 的闭包为

$$cl_{M_{\mathcal{U}(P)}}(X) = \bigcup_{i=1}^{n} cl_{\mathbb{U}_{1,\ |T_i|}}(X \cap T_i) \tag{5-16}$$

$M_{\mathcal{U}(P)}$ 的支撑子集的集合为

$$\mathcal{S}(M_{\mathcal{U}(P)}) = \{\bigcup_{i=1}^{n} S_i \ :\ S_i \in \mathcal{S}(\mathbb{U}_{1,\ |T_i|}) \wedge \mathbb{U}_{1,\ |T_i|} \in \mathcal{U}(P)\} \tag{5-17}$$

式(5-13)～式(5-17)表明，$M_{\mathcal{U}(P)}$ 的极小圈是由 P 中等价类导出的各均匀拟阵的极小圈的并集，这为我们从极小圈来研究等价类和划分之间的关系提供了方便。$M_{\mathcal{U}(P)}$ 的所有基的集合是通过对各等价类导出的均匀拟阵的基进行组合求并，从式(5-14)可以发现，$M_{\mathcal{U}(P)}$ 的基的基数恰好与 P 中等价类的个数相等。任意子集 X 关于 $M_{\mathcal{U}(P)}$ 的秩反映了与 X 存在非空交集的等价类的个数，而 X 的闭包则是由所有与 X 的交集不为空的等价类的并集，这恰好与 X 关于 P 的上近似相等。与 $M_{\mathcal{U}(P)}$ 的基类似，$M_{\mathcal{U}(P)}$ 的支撑子集也是通过组合由 P 中等价类导出的各均匀拟阵的支撑子集来得到。

从秩函数的定义可知，E 中任意子集的秩等于包含于该子集的最大独立集的基数，又因为拟阵的每个独立集都是某个基的子集，所以该子集的秩就可以用这个基和该子集的交集来表示，于是我们得到下面这个命题。

命题 5.1 设 U 是一个论域，P 是 U 上的一个划分，$\mathcal{U}(P)$ 是 $P\text{-}UMS$，$M_{\mathcal{U}(P)}$ 是 $\mathcal{U}(P)$ 的结合。$\forall X \subseteq E$，$r_{M_{\mathcal{U}(P)}}(X) = \max\{|B \cap X| : B \in \mathcal{B}(M_{\mathcal{U}(P)})\}$。

命题 5.1 反映了 X 的秩与拟阵的基之间的关系。从 $M_{\mathcal{U}(P)}$ 的基的表达式中我们可以发现，每个基都包含每个等价类中的一个且只有一个元素，因此，我们还可以从这个角度等价地刻画 X 的秩。

命题 5.2 设 U 是一个论域，P 是 U 上的一个划分，$\mathcal{U}(P)$ 是 $P\text{-}UMS$，$M_{\mathcal{U}(P)}$ 是 $\mathcal{U}(P)$ 的结合。$\forall X \subseteq E$，$r_{M_{\mathcal{U}(P)}}(X) = \max\{|A| : A \subseteq P \wedge \cup A = \overline{R}(X)\}$。

拟阵的一个支撑子集至少要包含拟阵的一个基，所以每个支撑子集也都至少包含每个等价类中的一个且只有一个元素。也就是说，每个支撑子集与划分中的所有等价类都存在非空交集，从而我们可以得到下面的命题。

命题 5.3 设 U 是一个论域，P 是 U 上的一个划分，$\mathcal{U}(P)$ 是 $P\text{-}UMS$，$M_{\mathcal{U}(P)}$ 是 $\mathcal{U}(P)$ 的结合。则 $\mathcal{S}(M_{\mathcal{U}(P)}) = \{X \subseteq U : \overline{R}(X) = U\}$。

由于粗糙集的上、下近似之间具有对偶性，所以我们还可以利用 X 的下近似来表示 X 的支撑子集

$$\mathcal{S}(M_{\mathcal{U}(P)}) = \{X \subseteq U : \underline{R}(\sim X) = \varnothing\} \tag{5-18}$$

命题 5.2 和命题 5.3 表明，$P\text{-}UMS$ 的一些特征也可以通过粗糙集的方式来表示。

5.3.3 粗糙集的拟阵结构

我们将在 5.3.1 节、5.3.2 节的基础上来建立粗糙集的拟阵结构。首先，我们将论域的任意子集表示为一个 *P-UMS* 的结合的限制，并利用这个限制的拟阵特征对粗糙集的上、下近似进行了三种不同形式的等价刻画。其次，我们用拟阵的方法研究论域上不同子集的近似之间的关系，得到了一些新的性质。最后，我们将粗糙集中的边界域和负域用拟阵的方式进行刻画，并利用它们来描述目标集合的上、下近似。

为了方便讨论，在本小节的后续内容中，我们设 R 是论域 U 上的一个等价关系，$P=U/R$ 是 U 上的一个划分，$\mathcal{U}(P)$是 *P-UMS*，$M_{\mathcal{U}(P)}$是$\mathcal{U}(P)$的结合。

5.3.3.1 近似算子

前面我们已将划分中的各等价类转换成秩为 1 的均匀拟阵，从而得到了关于这个划分的 *P-UMS*，之后又通过直和运算得到了 *P-UMS* 的结合。这样一来，我们就可以将论域 U 上的任一划分知识完全用拟阵的方式来进行描述。在粗糙集中，对论域上的任意子集都可以通过已有的划分来对其进行近似描述，现在我们用拟阵方法来讨论这个问题。

根据定义 5.11，我们可以从一个拟阵诱导出一个新的拟阵。因此，对于论域上一个划分 P，在求得 *P-UMS* 的结合后，我们可以借助拟阵的限制将论域的任意子集表示为一个限制，这样就可以在一个完全的拟阵环境里研究粗糙集。

设 $X\subseteq U$ 是论域上的一个子集，则根据限制的定义可得

$$M_{\mathcal{U}(P)}|X = (X, \mathcal{I}_X)\text{，其中}\mathcal{I}_X = \{I \subseteq X : I\in\mathcal{I}_{\mathcal{U}(P)}\} \tag{5-19}$$

我们首先对 $M_{\mathcal{U}(P)}|X$ 的所有基的集合进行讨论。

命题 5.4　$\forall X\subseteq U$，$\mathcal{B}(M_{\mathcal{U}(P)}|X) = Max\{B\cap X : B \in \mathcal{B}(M_{\mathcal{U}(P)})\}$。

证明：根据定义 5.11 可知，$\mathcal{I}_X = \{I \subseteq X : I \in \mathcal{I}\}$。又根据定义 5.4，$\mathcal{B}(M_{\mathcal{U}(P)}|X) = Max(\mathcal{I}_X)$。因为拟阵的基的每个子集都是一个独立集，所以$\forall B \in \mathcal{B}(M_{\mathcal{U}(P)})$，$B\cap X$ 是一个独立集。从而，$Max(\mathcal{I}_X) = Max\{B\cap X : B \in \mathcal{B}(M_{\mathcal{U}(P)})$。证毕。

从秩函数的定义可知，E 上任意子集的秩等于包含于该子集的最大独立集的基数，由此我们可以得到如下推论。

推论 5.1　设 $X\subseteq U$ 是论域的一个子集。$\forall B \in \mathcal{B}(M_{\mathcal{U}(P)}|X)$，$|B\cap X| = r_{M_{\mathcal{U}(P)}}(X)$。

命题 5.5　设 $X\subseteq U$ 是论域的一个子集，$cl = cl_{M_{\mathcal{U}(P)}}$。则下面的等式成立：

（1）$\forall B \in \mathcal{B}(M_{\mathcal{U}(P)}|X)$，$\overline{R}(X) = cl(B)$；

（2）$\forall B \in \mathcal{B}(M_{\mathcal{U}(P)}|{\sim}X)$，$\underline{R}(X) = {\sim}cl(B)$；

（3）$\overline{R}(X) = \cup\{cl(\{x\}) : x \in X\}$；

（4）$\underline{R}(X) = {\sim}(\cup\{cl(\{x\}) : x \in {\sim}X\})$；

（5）$\overline{R}(X) = cl(X)$；

（6）$\underline{R}(X) = {\sim}cl(X)$。

命题 5.5 针对粗糙集中的上、下近似给出了三种拟阵方式的刻画，下面我们通过一个

例子来对此加以理解。

例 5.4 在例 5.3 中，令 $X=\{a, b, c, f\}$。分别用命题 5.5 中的（1）～（6）来求 X 的上、下近似。

首先，根据定义 2.3 可得 X 的下、上近似分别为：$\underline{R}(X)=\{a, b\}$，$\overline{R}(X)=\{a, b, c, d, e, f\}$。再根据命题 5.4 可得：$\mathcal{B}(M_{U(P)}|X)=\{\{a, c\}, \{a, f\}, \{b, c\}, \{b, f\}\}$，$\mathcal{B}(M_{U(P)}|{\sim}X)=\{\{d, g\}, \{e, g\}\}$。然后根据命题 5.5 中的（1）～（6）可分别求得如下：

（1）取 $B=\{a, c\}\in\mathcal{B}(M_{U(P)}|X)$，$\overline{R}(X)=cl(B)=\{a, b, c, d, e, f\}$；

（2）取 $B=\{d, g\}\in\mathcal{B}(M_{U(P)}|{\sim}X)$，$\underline{R}(X)={\sim}cl(B)={\sim}\{c, d, e, f, g\}=\{a, b\}$；

（3）根据式(5-16)，$cl(\{a\})=cl(\{b\})=\{a, b\}$，$cl(\{c\})=cl(\{f\})=\{c, d, e, f\}$，所以 $\overline{R}(X)=\cup\{cl(\{x\}): x\in X\}=\{a, b, c, d, e, f\}$；

（4）同理，$\underline{R}(X)={\sim}(\cup\{cl(\{x\}): x\in{\sim}X\})={\sim}\{c, d, e, f, g\}=\{a, b\}$；

（5）$\overline{R}(X)=cl(X)=\{a, b, c, d, e, f\}$；

（6）$\underline{R}(X)={\sim}cl({\sim}X)={\sim}\{c, d, e, f, g\}=\{a, b\}$。

5.3.3.2 不同子集的上、下近似之间的关系

在经典粗糙集模型中，对于论域 U 上的任意两个子集 X 和 Y，如果 $X\subseteq Y$，则 X 的上、下近似也分别是 Y 的上、下近似的子集，即：$\underline{R}(X)\subseteq\underline{R}(Y)$，$\overline{R}(X)\subseteq\overline{R}(Y)$。而在很多情况下我们发现，即便 X 不是 Y 的子集，依然会有上述结论成立。比如在例 5.3 中，如果令 $X=\{d, e, f, g\}$，$Y=\{a, c, g\}$，那么会得到 $\underline{R}(X)=\{g\}$，$\underline{R}(Y)=\{g\}$，$\overline{R}(X)=\{c, d, e, f, g\}$，$\overline{R}(X)=\{a, b, c, d, e, f, g\}$，即：$\underline{R}(X)\subseteq\underline{R}(Y)$，$\overline{R}(X)\subseteq\overline{R}(Y)$。目前，对于造成这种结果的原因和规律，在粗糙集中还没有给出解答。下面我们借助拟阵的方法来对此问题进行解答。

命题 5.6 设 $X, Y\subseteq U$ 是论域 U 上的任意两个子集。如果 $\forall x\in X$，$\exists y\in Y$ 使得 $cl(\{x\})=cl(\{y\})$，那么 $\underline{R}(X)\subseteq\underline{R}(Y)$ 且 $\overline{R}(X)\subseteq\overline{R}(Y)$。

命题 5.6 提供了一个充分条件去判断论域的一个子集的上、下近似是否分别包含于论域的另外一个子集的上、下近似。在下面的研究中，我们将给出一些充要条件去判断这类问题。

命题 5.7 设 $X, Y\subseteq U$ 是论域 U 上的任意两个子集，$cl=cl_{M_{U(P)}}$。$\forall x\in X$，如果 $cl(\{x\})\subseteq X$，那么 $\exists y\in Y$ 使得 $cl(\{x\})=cl(\{y\})\subseteq Y$ 当且仅当 $\underline{R}(X)\subseteq\underline{R}(Y)$。

证明：($\Rightarrow$) 根据式(5-11)可知，$\forall T\in P$，如果 $x\in T$，那么 $cl(\{x\})=T$。$\forall x\in X$，若 $cl(\{x\})\subseteq X$，则 $x\in\underline{R}(X)$ 且 $\exists y\in Y$ 使得 $cl(\{x\})=cl(\{y\})=T$，从而 $x\in Y\subseteq\underline{R}(Y)$。也就是说，$\forall x\in\underline{R}(X)$，$x\in\underline{R}(Y)$。因此，$\underline{R}(X)\subseteq\underline{R}(Y)$。

($\Leftarrow$) 因为 $\underline{R}(X)\subseteq\underline{R}(Y)$，所以 $\forall x\in\underline{R}(X)$，$x\in\underline{R}(Y)$。也就是说，$\exists T\in P$ 使得 $x\in T\subseteq X$ 且 $T\subseteq Y$。因此，必然存在 $y\in Y$ 使得 $y\in T$。根据式(5-11)可知，$cl(\{x\})=cl(\{y\})=T\subseteq Y$。证毕。

命题 5.8 设 $X, Y \subseteq U$ 是论域 U 上的任意两个子集，$T \in P$，$B_X \in \mathcal{B}(M_{\mathcal{U}(P)}|X)$，$B_Y \in \mathcal{B}(M_{\mathcal{U}(P)}|Y)$。如果 $T \cap B_X \neq \varnothing$，那么 $T \cap B_Y \neq \varnothing$ 当且仅当 $\overline{R}(X) \subseteq \overline{R}(Y)$。

证明：(⇒) 根据命题 5.5 中的（1），该结论显然成立。

(⇐) 因为 $\overline{R}(X) \subseteq \overline{R}(Y)$，所以 $\forall T \in P$，如果 $T \subseteq X$ 则 $T \subseteq Y$。再根据定义 5.4、5.11 和 5.16 可知，必定存在 $x, y \in T$ 使得 $x \in B_X$，$y \in B_Y$。所以可得 $T \cap B_X \neq \varnothing$ 且 $T \cap B_Y \neq \varnothing$。证毕。

在例 5.3 中，若令 $X = \{b, c, e, f\}$，$Y = \{a, d, g\}$，则根据命题 5.4 和推论 5.1 可得，$\mathcal{B}(M_{\mathcal{U}(P)}|X) = \{\{b, c\}, \{b, e\}, \{b, f\}\}$，$\mathcal{B}(M_{\mathcal{U}(P)}|Y) = \{\{a, d, g\}\}$。$\forall B_X \in \mathcal{B}(M_{\mathcal{U}(P)}|X)$，我们不妨令 $B_X = \{b, c\}$，则 $\{b, c\} \cap T_1 = \{b\}$，$\{b, c\} \cap T_2 = \{c\}$。因为 $\{a, d, g\} \cap T_1 = \{a\}$，$\{a, d, g\} \cap T_2 = \{d\}$，所以 $\overline{R}(X) = \{a, b, c, d, e, f\} \subseteq \overline{R}(Y) = \{a, b, c, d, e, f, g\}$。

由此我们发现，尽管 $X \cap Y = \varnothing$ 且 $|X| > |Y|$，依然可能会有 $\overline{R}(X) \subseteq \overline{R}(Y)$。而命题 5.8 从拟阵的角度对这一现象给予了很好的解释。

推论 5.2 $\forall T \in P$，如果 $T \cap B_X \neq \varnothing$ 当且仅当 $T \cap B_Y \neq \varnothing$，则 $\overline{R}(X) = \overline{R}(Y)$。

命题 5.9 设 $X, Y \subseteq U$ 是 U 上的任意两个子集，$B_X \in \mathcal{B}(M_{\mathcal{U}(P)}|X)$，$B_Y \in \mathcal{B}(M_{\mathcal{U}(P)}|Y)$。$\overline{R}(X) = \overline{R}(Y)$ 当且仅当 $\exists A \subseteq P$ 使得 $B_X, B_Y \in \mathcal{B}(M_{\mathcal{U}(P)}|\cup A)$。

证明：(⇒) 若 $\overline{R}(X) = \overline{R}(Y)$，根据式(5-11)和命题 5.5 中的（1），$\exists A \subseteq P$ 使得 $\cup A = \overline{R}(X) = \overline{R}(Y)$，从而 $X \subseteq \cup A$ 且 $Y \subseteq \cup A$，同时会有 $\forall T \in A$，$X \cap T \neq \varnothing$ 且 $Y \cap T \neq \varnothing$。因此，根据式(5-9)和式(5-14)可得 $B_X \in \mathcal{B}(M_{\mathcal{U}(P)}|\cup A)$ 且 $B_Y \in \mathcal{B}(M_{\mathcal{U}(P)}|\cup A)$。

(⇐) 根据式(5-9)和式(5-14)，该结论显然成立。证毕。

5.3.3.3 边界域和近似集合之间的关系

在粗糙集中，目标集合的边界域是由那些根据知识无法确定是属于还是不属于目标集合的元素组成，它可以反映当前知识是否能完全识别目标集合，即：若边界域为空，则目标集合相对于当前知识是个确定集，否则是个粗糙集。而目标集合的负域则是由那些确定不属于目标集合的元素组成。通常，目标集合关于知识 R 的边界域和负域是利用该集合的上、下近似来获得，即

$$BN_R(X) = \overline{R}(X) - \underline{R}(X), \quad NEG_R(X) = U - \overline{R}(X)$$

下面我们用拟阵的方式来给出一种直接获取目标集合的边界域和负域的方法，并在此基础上对目标集合的上、下近似进行求解。

命题 5.10 设 $X \subseteq U$ 是 U 的一个子集。$BN_R(X) = \cup\{C \in \mathcal{C}(M_{\mathcal{U}(P)}) : |C \cap X| = 1\}$。

证明：令 $T \in P$。$\forall C \in \mathcal{C}(M_{\mathcal{U}(P)})$，如果 $T \subseteq \underline{R}(X)$ 且 $C \subseteq T$，则 $|C \cap T| = 2$。如果 $T \subseteq \overline{R}(X)$ 且 $T \not\subset \underline{R}(X)$，则 $\exists x \in T$ 使得 $x \notin X$。因此，根据式(5-8)和式(5-13)可知，$\exists K \subseteq \mathcal{C}(M_{\mathcal{U}(P)})$ 使得 $\forall C \in K$，$|C \cap X| = 1$ 且 $\cup K = T$。因为 $BN_R(X) = \overline{R}(X) - \underline{R}(X)$，所以可得 $BN_R(X) = \cup\{C \in \mathcal{C}(M_{\mathcal{U}(P)}) : |C \cap X| = 1\}$。证毕。

命题 5.10 利用 $M_{\mathcal{U}(P)}$ 的极小圈与目标集合之间的关系，直接求得目标集合的边界域。

该命题表明，当目标集合与 $M_{U(P)}$的某个极小圈的交集只含有一个元素时，则说明该元素不包含于目标集合，但该集合所在的等价类与目标集合交集不为空。根据边界域的定义我们知道，这个元素属于目标集合的边界域。由此，我们可以将目标集合的上、下近似用边界域表示

$$\overline{R}(X) = X - BN_R(X) \tag{5-20}$$

$$\underline{R}(X) = X \cup BN_R(X) \tag{5-21}$$

因此，对于论域 U 上的任意一个子集 X，我们至少可以通过两种途径来获得它关于知识 R 的上、下近似和边界域，如图 5-1 所示。

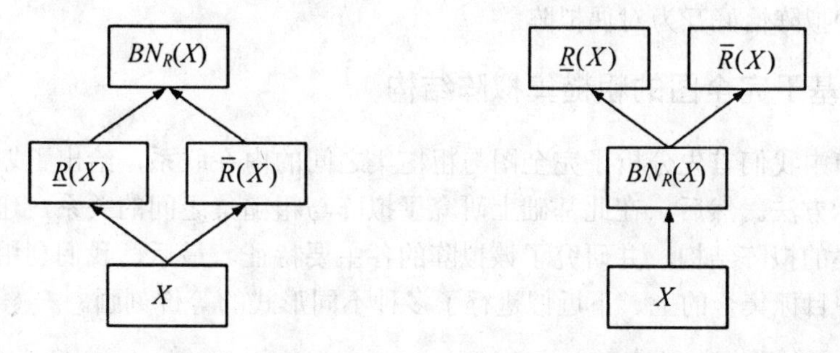

（a）先求上、下近似再求边界域　　（b）先求边界域再求上、下近似

图 5-1　上、下近似和边界域的两种获取途径

在图 5-1 中，图(a)反映了在粗糙集一种传统的获取上、下近似和边界域的途径，即：先求 X 的上、下近似，然后再求的 X 的边界域。图(b)则提供了一种相反的途径，即：先求出 X 的边界域，然后再利用式(5-20)和式(5-21)求得 X 的上、下近似。

命题 5.11　设 $X \subseteq U$ 是 U 的一个子集。如果 $\forall x \in X, \exists\, C \in \mathcal{C}(M_{U(P)})$使得 $x \in C$ 且 $|C \cap X| = 1$，则 $\overline{R}(X) = BN_R(X)$。

证明：根据命题 5.11，$\forall C \in \mathcal{C}(M_{U(P)})$，如果有 $|C \cap X| = 1$，则 $C \subseteq BN_R(X)$，即：$\forall y \in C, y \in BN_R(X)$。因此，如果 $\forall x \in X, \exists\, C \in \mathcal{C}(M_{U(P)})$使得 $x \in C$ 且 $|C \cap X| = 1$，则 $x \in BN_R(X)$，即存在 $T_x \in P$ 使得 $T_x \not\subset X$。再由上近似的定义可知，$x \in \overline{R}(X)$。因此，$\overline{R}(X) = BN_R(X)$。证毕。

命题 5.11 在给出了目标集合的上近似等于其边界域的充分条件的同时，也为我们判断目标集合是否为可定义集提供了一种思路，从而可得到下面的推论。

推论 5.3　设 $X \subseteq U$ 是 U 的一个子集。如果 $\exists x \in X$ 且 $\exists\, C \in \mathcal{C}(M_{U(P)})$使得 $x \in C$ 且 $|C \cap X| = 1$，则 X 是一个不可定义集，否则 X 是一个可定义集。

负域是粗糙集中另外一个非常重要的概念，与正域相似的是，一个集合的负域也是关于当前知识的一种确定信息。下面我们用拟阵的方式来对负域进行等价刻画。

命题 5.12　设 $X \subseteq U$ 是 U 的一个子集。令 $r = r_{M_{U(P)}}$，则 $NEG(X) = \{x \in U : r(X \cup \{x\}) \neq r(X)\}$。

证明：根据式(5-10)和式(5-15)可知，如果 $r(X \cup \{x\}) \neq r(X)$，则存在 $T \in P$ 使得 $x \in T$

且 $T \cap X = \varnothing$。因此，$x \in NEG(X)$。从而有 $NEG(X) = \{x \in U : r(X \cup \{x\}) \neq r(X)\}$。证毕。

5.4 基于图的粗糙集拟阵结构

图论为大量的理论和实际应用问题的解释与理解提供了一种直观手段，本节将从图论的角度来对粗糙集进行分析和研究。有两种图的方法被用于解释粗糙集，即完全图和圈，并在此基础上我们把与图论有着紧密联系的拟阵引入粗糙集的研究中，建立了两种不同形式的粗糙集拟阵结构，并探讨了这两种拟阵的各自特性以及它们之间的联系，结果表明这两种拟阵恰好互为对偶拟阵。

5.4.1 基于完全图的粗糙集拟阵结构

在本小节中我们首先分析了完全图与粗糙集之间的内在联系，给出了划分中等价类的完全图表示方法。然后，在此基础上研究了拟阵与粗糙集之间的关系，建立了基于完全图的粗糙集的拟阵结构，并研究了该拟阵的各主要特征。最后，我们利用这些主要特征对粗糙集中目标集合的上、下近似进行了多种不同形式的等价刻画。

5.4.1.1 完全图与粗糙集

在粗糙集中，等价关系又常被看做是一个不可辨关系，它形象地描述了处于同一等价类中的两个不同元素之间的不可分辨性。等价类及其所含元素之间的关系可以用一个完全图来进行描述，即：我们将一个等价类看成是由其所含元素为顶点集的一个完全图，任何两个不同元素之间的不可分辨性用这两点之间的边来表示。为了更好地理解这一观点，下面我们通过一个例子来加以解释。

例 5.5　设论域 $U = \{a, b, c, d, e, f, g, h\}$，$R$ 是一个不可辨关系且 $U/R = \{T_1, T_2, T_3\} = \{\{a\}, \{b, c\}, \{d, e, f, g, h\}\}$。我们可以将每个等价类转化成相应的完全图，如图 5-2 所示。

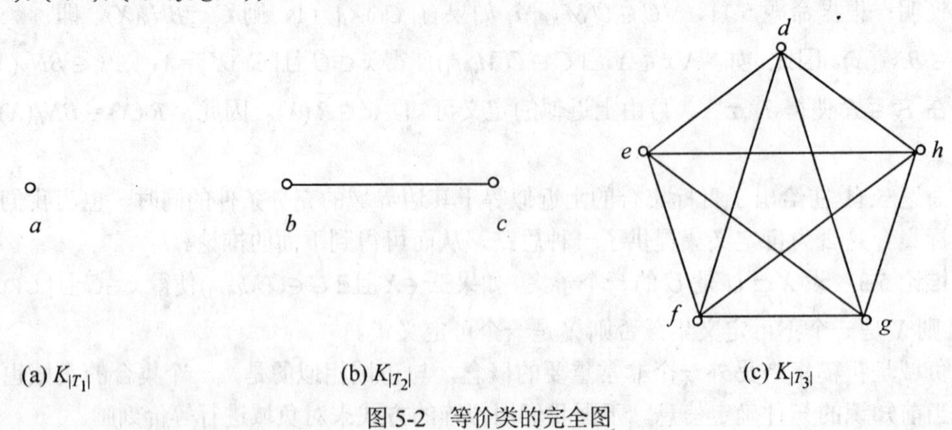

图 5-2　等价类的完全图

因为 T_1 中只含有一个元素，它对应的完全图 $K_{|T_1|}$ 是一个只含有一个顶点 a 的空图。T_2 是由两个元素组成的等价类，所以它对应的完全图 $K_{|T_2|}$ 中只含有 bc 一条边，即表示 b 和 c 是不可分辨的。T_3 对应的完全图 $K_{|T_3|}$ 含有 5 个顶点和 10 条边，每个顶点与其他 4 个

顶点之间都有一条边，分别表示它与这四个顶点之间是不可分辨的。

从上述例子我们可以看出，在论域的一个划分中，如果任意两个元素之间存在不可分辨的关系，则在对应的等价类的完全图中，存在一条以它们为顶点的边。于是，一个划分 P 可以被转成一个图 $G=(V, E)$，其中

$$E = \{xy : x \in T \in P \wedge y \in T - \{x\}\} \tag{5-22}$$

很显然，如果 x 和 y 在同样各等价类中，则 $xy \in E$。因此，我们可以将含有 x 的等价类用边集 E 来进行描述

$$[x]_R = \{x\} \cup \{y : xy \in E\} \tag{5-23}$$

此外，对于论域 U 的任意子集 X，它关于 P 的下、上近似可以分别表示为

$$\underline{R}(X) = \cup\{T \in P : G[T] \subset G[X]\} \tag{5-24}$$

$$\overline{R}(X) = \cup\{T \in P : \exists Y \subseteq T \text{ 使得 } K_{|T|}[X] \subset G[X]\} \tag{5-25}$$

式(5-22)～式(5-25)表明，完全图和等价类之间确实存在一些密切的联系，它们之间的这种相互简易的转化也印证了这一点。由于图和拟阵之间又有着紧密联系，所以我们可从完全图的角度来研究粗糙集与拟阵之间的关系。

5.4.1.2　基于完全图的粗糙集拟阵结构 *I-MIP*

完全图是一个简单图，即：没有环和重边，一个完全图中任意两个不同顶点之间都有一条边相连，而两个不同完全图中的顶点之间是没有边相连的。如果将有边连接的两个顶点看成是相关的或不独立的，而没有边连接的点之间看成是无关的或独立的，则我们可以将完全图转变成一个拟阵，进一步又可以将粗糙集与拟阵联系起来。下面我们将研究完全图、拟阵及粗糙集之间的关系，并建立一种基于完全图的拟阵结构。

为了方便讨论，在本小节的后续内容中，我们令 U 表示论域，R 是 U 上的一个等价关系，P 是由 R 导出的 U 上的划分，$G_P=(V, E_P)$，其中 $V=U$，$E_P=\{xy : x \in T \in P \wedge y \in T-\{x\}\}$。

命题 5.13　如果$\mathcal{I}_P=\{X \subseteq U : G_P[X]$是一个空图$\}$，则一定存在 U 上的一个拟阵 M 使得$\mathcal{I}(M)=\mathcal{I}_P$。

证明：根据定义 5.1，我们需要证明$\mathcal{I}_P$满足公理(I1) ~ (I3)。显然，公理(I1)和(I2)是成立的。下面我们来证公理(I3)对$\mathcal{I}_P$也是成立的。

令 $X, Y \in \mathcal{I}_P$ 且$|X|<|Y|$。因为 $G_P[X]$和 $G_P[Y]$是空图，则$\forall x \in X$ 和$\forall x' \in X-\{x\}$，x 与 x'不在同一个等价类中。同理，$\forall y \in Y$ 和$\forall y' \in Y-\{y\}$，y 与 y'不在同一个等价类中。由于$|X|<|Y|$，所以在 Y 中至少存在一个元素 y_0 使得 y_0 所在的等价类与 X 的交集为空。因此，$X \cup \{y_0\} \in \mathcal{I}_P$，即$\mathcal{I}_P$满足公理(I3)。

综上所述，$\mathcal{I}_P$满足公理(I1) ~ (I3)，所以一定存在 U 上的一个拟阵 M 使得$\mathcal{I}(M)=\mathcal{I}_P$。证毕。

如果 $G_P[X]$是一个空图，则说明 $G_P[X]$中任意两个顶点之间都是不相邻的，即 $G_P[X]$中的每个顶点都与其他顶点是来自不同的等价类。在例 5.5 中，我们可以得到$\mathcal{I}_P$为

$$\mathcal{I}_P=\{\varnothing, \{a\}, \{b\}, \{c\}, \{d\}, \{e\}, \{f\}, \{g\}, \{h\}, \{a, b\}, \{a, c\}, \{a, d\},$$

$$\{a,e\},\{a,f\},\{a,g\},\{a,h\},\{b,d\},\{b,e\},\{b,f\},\{b,g\},\{b,h\},$$
$$\{c,d\},\{c,e\},\{c,f\},\{c,g\},\{c,h\},\{a,b,d\},\{a,b,e\},\{a,b,f\},$$
$$\{a,b,g\},\{a,c,h\},\{a,c,d\},\{a,c,e\},\{a,c,f\},\{a,c,g\},\{a,c,h\}\} \qquad (5\text{-}26)$$

定义 5.17 如果 $E=U$, $\mathcal{I}=\{X\subseteq U: G_P[X]$是一个空图$\}$，则称拟阵 $M=(E,\mathcal{I})$是第一类由 P 导出的拟阵，简称为 *I-MIP*。

在例 5.5 中，若令 $E=U$, $\mathcal{I}$ 等于式(5-26)中的$\mathcal{I}_P$，则 $M(E,\mathcal{I})$是一个 *I-MIP*。从式(5-26)我们可以发现，$\forall I\in\mathcal{I}_P$，若 $x,y\in I$ 是 I 中两个不同的元素，则 x 和 y 一定来自不同的等价类。因此，我们可以得到下面的命题。

命题 5.14 如果 $M(E,\mathcal{I}_P)$是一个 *I-MIP*，则$\forall X\subseteq U$，$X\in\mathcal{I}_P$ 当且仅当$\forall T\in P$ 都有$|X\cap T|\leqslant 1$。

一个拟阵可以通过它的基、秩函数或者极小圈等来唯一确定，所以利用拟阵的这些特征是可以对其进行公理化研究的。[199]下面我们就通过 *I-MIP* 的极小圈来对其进行公理化。

定理 5.2 如果 M 是一个由 P 导出的拟阵，那么 M 是一个 *I-MIP* 当且仅当$\forall C\in\mathcal{C}(M)$都有$|C|=2$。

证明：(⇒) 根据式(5-1)，$\mathcal{D}(M)=2^E-\mathcal{I}(M)$。再由定义 5.17 和命题 5.13 可知，$\forall X\subseteq U$，$X\in\mathcal{D}(M)$当且仅当 $G_P[X]$不是一个空图，即 $G_P[X]$中至少存在一条边，显然，这条边的端点集合是一个相关集。令 Y 是由 $G_P[X]$中某条边的端点组成的集合，则 Y 的任意真子集都是一个独立集，从而 Y 是一个极小相关集，即 Y 是一个极小圈。因为 Y 是一条边的端点集合，所以$|Y|=2$。从而可得$\forall C\in\mathcal{C}(M)$都有$|C|=2$。

(⇐) 极小圈就是极小相关集，所以$\mathcal{D}(M)=\{X\subseteq U:\exists C\in\mathcal{C}(M)$使得 $C\subseteq X\}$。又因为$\mathcal{D}(M)=2^E-\mathcal{I}(M)$，所以$\forall I\in\mathcal{I}(M)$，不存在 $C\in\mathcal{C}(M)$使得 $C\subseteq I$，即$\forall C\in\mathcal{C}(M)$都有$|C\cap I|\leqslant 1$。令 $T_C=\{C'\in\mathcal{C}(M): C'\cap C\neq\varnothing\}$。根据定理 5.1 中的(C3)可知，$\forall C1, C2\in T_C$以及$\forall I\in\mathcal{I}(M)$，如果 $C_1\cap I\neq\varnothing$，则 $C_2\cap I=C_1\cap C_2$。从而我们可得$|(\cup T_C)\cap I|=1$。若令 $P=\{\cup T_C: C\in\mathcal{C}(M)\}$，则可知$\forall I\in\mathcal{I}(M)$以及$\forall T\in P$, $|I\cap T|=1$。再由命题 5.14 可知，M 是一个 *I-MIP*。

综上所述，M 是一个 *I-MIP* 当且仅当$\forall C\in\mathcal{C}(M)$都有$|C|=2$。证毕。

在上述的研究和分析中，我们可以通过借助完全图与划分和拟阵之间的关系来得到 *I-MIP*，那么一个划分和 *I-MIP* 之间是否存在着一种双射关系呢？下面我们将回答这个问题。

定理 5.3 设$\mathcal{P}$是 U 上所有划分的集合，$\mathcal{M}$是由 P 中所有划分导出的 *I-MIP* 组成的集合。如果 $f:\mathcal{P}\to\mathcal{M}$，即$\forall P\in\mathcal{P}$都有 $f(P)=M_P$，其中 M_P 是由 P 导出的 *I-MIP*，则 f 满足下列条件：

（1）$\forall P_1,P_2\in\mathcal{P}$，如果 $P_1\neq P_2$，那么 $f(P_1)\neq f(P_2)$；

（2）$\forall M\in\mathcal{M}$，$\exists P_M\in\mathcal{P}$使得 $f(P_M)=M$。

证明：（1）令 $P_1,P_2\in\mathcal{P}$且 $P_1\neq P_2$，$M_{P_1}=(U,\mathcal{I}_{P_1})$和 $M_{P_2}=(U,\mathcal{I}_{P_2})$分别是由 P_1 和 P_2

导出的 *I-MIP*。我们需要证明存在 $I_1 \in \mathcal{I}_{P_1}$ 使得 $I_1 \notin \mathcal{I}_{P_2}$，或者证明存在 $I_2 \in \mathcal{I}_{P_2}$ 使得 $I_2 \notin \mathcal{I}_{P_1}$。

因为 $P_1 \neq P_2$，所以至少存在一个等价类 $T_1 \in P_1$ 使得 $T_1 \notin P_2$。如果$\exists T_2 \in P_2$ 使得 $T_1 \subset T_2$，那么$\exists X \subseteq \mathcal{I}_{P_1}$ 使得 $X \cap (T_2 - T_1) \neq \varnothing$，即 $X \notin \mathcal{I}_{P_2}$；否则，至少存在两个等价类 $T_{2i}, T_{2j} \in P_2$ 使得 $T_{2i} \cap T_{2j} \neq \varnothing$，即存在 $Y \in \mathcal{I}_{P_2}$ 使得 $Y \cap T_{2i} \cap T_1 \neq \varnothing$ 且 $Y \cap T_{2j} \cap T_1 \neq \varnothing$。显然，根据命题 5.14，$Y \notin \mathcal{I}_{P_1}$。因此，$\forall P_1, P_2 \in \mathcal{P}$，如果 $P_1 \neq P_2$，那么 $f(P_1) \neq f(P_2)$。

（2）令 $M = (U, \mathcal{I})$是一个 *I-MIP*，$\forall x \in U$，$C_x = \{x\} \cup \{\cup \{C \in \mathcal{C}(M) : C \cap \{x\} \neq \varnothing\}\}$。根据定理 5.2 可知，$\forall y \in U$ 且 $y \notin C_x$ 都有 $C_x \cap C_y = \varnothing$。从而我们可以得到一个集族 $C_U = \{C_x : x \in U\}$。显然，$\cup C_U = U$，于是可知 C_U 是 U 的一个划分。从而 $C_U \in \mathcal{P}$ 且 $f(C_U) = M$。因此，$\forall M \in \mathcal{M}$，$\exists P_M \in \mathcal{P}$使得 $f(P_M) = M$。证毕。

定理 5.3 表明，对于论域上的任意一个划分，它与由其导出的 *I-MIP* 之间存在一一对应的关系。

5.4.1.3　*I-MIP* 的特征

拟阵的一些特征，如基、极小圈以及秩函数等，从不同角度体现了拟阵的本质特性，这对于全面理解拟阵是非常重要的。在本小节中我们将研究 *I-MIP* 的这些特征。

从拟阵的基的定义我们知道，拟阵的任意一个基都是一个极大独立集。从式(5-26)中可以发现，每个最大的独立集的基数都与 P 的等价类的个数相同，这是由于每个独立集都与 P 中任一等价类的交集个数不大于 1。于是，我们可以得到下列命题。

命题 5.15　如果 M_P 是由 P 导出的 *I-MIP*，则$\mathcal{B}_P = \{X \subseteq U : |X| = |P| \wedge E_X = \varnothing\}$，其中 E_X 是 $G_P[X]$的边集。

证明：根据定义 5.4，我们需要证明$\mathcal{B}(M_P) = \mathcal{B}_P$，即 $Max(\mathcal{I}_P) = \mathcal{B}_P$。根据命题 5.14 可知，$\forall I \in \mathcal{I}_P$ 以及$\forall T \in P$ 都有$|I \cap T| \leqslant 1$，所以$\forall I \in \mathcal{B}(M_P)$，$|I| = |P|$。根据命题 5.13 和定义 5.17，$\forall I \in \mathcal{B}(M_P)$，$G_P[I]$是一个空图，即 $I \in \mathcal{B}P$。类似地，我们可以用同样的方法证明$\forall X \in \mathcal{B}_P$，$X \in \mathcal{B}(M_P)$。因此，$\mathcal{B}(MP) = \mathcal{B}_P$。证毕。

推论 5.4　$\forall X \subseteq U$，$X \in \mathcal{B}_P$ 当且仅当$\forall T \in P$ 都有$|X \cap T| = 1$。

推论 5.5　$\cup \mathcal{B}_P = U$。

对于论域 U 上的任意一个子集 X，如果 X 不是一个独立集，则 X 是一个相关集，反之亦然。因此，与命题 5.13 相反的是，X 是一个相关集当且仅当 $G_P[X]$的顶点集中至少存在一对相邻的顶点。进一步地，一个极小相关集则是 $G_P[X]$中某条边的端点集。于是，我们得到如下命题。

命题 5.16　设 $M_P = (U, \mathcal{I}_P)$是由 P 导出的 *I-MIP*。如果$\mathcal{C}_P = \{\{x, y\} : xy \in E_P\}$，则$\mathcal{C}(M_P) = \mathcal{C}_P$。

证明：根据定义 5.3，我们需证明$\mathcal{C}(M) = \mathcal{C}_P$，即 $Min(Opp(\mathcal{I})) = \{\{x, y\} : xy \in E_P\}$。根据式(5-1)可知，$\mathcal{D}(M) = 2^E - \mathcal{I}(M) = Opp(\mathcal{I})$。因此，$\forall D \in \mathcal{D}(M)$，$\exists x, y \in D$ 使得 $xy \in E(G_P[D])$，从而 $xy \in E_P$。如果$\{x, y\} \subset D$，那么$\{x, y\} \in \mathcal{C}(M_P)$且 $D \notin \mathcal{C}(M_P)$，否则$\{x, y\} =$

$I \in \mathcal{C}(M_P)$。因此，$\forall I \in \mathcal{C}(M_P)$，$I \in \mathcal{C}_P$。类似地，$\forall \{x, y\} \in \mathcal{C}_P$，$\exists I \in \mathcal{D}(M_P)$使得$\{x, y\} \subseteq I$。从而$\{x, y\} \in \mathcal{C}(M_P)$。因此，$\mathcal{C}(M) = \mathcal{C}_P$。证毕。

命题 5.14 给出了判断一个集合是否为独立集的充要条件。类似地，我们可以描述 M_P 的所有相关集的集合为

$$\mathcal{D}(M_P) = \{X \subseteq U : \exists T \in P \text{ 使得} |X \cap T| > 1\} \tag{5-27}$$

从命题 5.13 中我们可以发现，U 中每个元素构成的集合都是一个独立集，所以对于 M_P 的任意一个相关集 X，如果$|X| > 2$，则必定存在 X 的一个真子集 Y 使得$|Y| = 2$ 且 Y 是一个相关集。由此，我们可以得到如下命题。

命题 5.17 设 $M_P = (U, \mathcal{I}_P)$是由 P 导出的 *I-MIP*。如果$\mathcal{C}_+ = \{X \subseteq T : T \in P \wedge |X| = 2\}$，则$\mathcal{C}(M_P) = \mathcal{C}_+$。

证明：由命题 5.14 可知，$\forall X \in \mathcal{C}_+$，$X$ 是一个相关集，即 $X \in \mathcal{D}(M_P)$。由命题 5.16，$X \in \mathcal{C}(M_P)$。类似地，$\forall X \in \mathcal{C}(M_P)$都有 $X \in \mathcal{C}_+$。因此，$\mathcal{C}(M_P) = \mathcal{C}_+$。证毕。

根据命题 5.16 和命题 5.17，我们可得到下面的推论 *I-MIP*。

推论 5.6 $\mathcal{C}_P = \mathcal{C}_+$。

命题 5.13 和命题 5.14 提供了两种方式去根据一个划分来导出一个 *I-MIP*，那么如何根据一个 *I-MIP* 来得到对应的划分呢？

命题 5.18 如果 M_P 是由 P 导出的 *I-MIP*，则$\forall x \in U$，$[x]_R = \{x\} \cup \{y \in U : \{x, y\} \in \mathcal{C}(M_P)\}$。

证明：根据命题 5.16 可知，$\forall T \in P$，如果 $x \in T$，则$\forall y \in T - \{x\}$都有$\{x, y\} \in \mathcal{C}(M_P)$，以及$\forall y \in U$且 $y \notin T$ 都有$\{x, y\} \notin \mathcal{C}(M_P)$。因此，$T = [x]_R = \{x\} \cup \{y \in U : \{x, y\} \in \mathcal{C}(M_P)\}$。证毕。

命题 5.18 表明，如果两个不同的元素形成一个极小圈，那么它们属于同一个等价类。根据式(5-23)可知，E_P 中存在一条边，其端点的集合等于这个极小圈。对于一个子集 $X \subseteq U$，如果 X 不包含一个极小圈，那么 X 是一个独立集且它的秩等于$|X|$。换句话说，如果 $G_P[X]$是一个空图，那么 X 的秩等于$|X|$。因此，我们可以得到下面的命题。

命题 5.19 设 $M_P = (U, \mathcal{I}_P)$是由 P 导出的 *I-MIP*。$\forall X \subseteq U$，如果 $r_P(X) = \max\{|Y| : Y \subseteq X$，$G_P[X]$是一个空图$\}$，则 $r_{M_P}(X) = r_P(X)$。

此外，如果已求得 M_P 的所有基的集合$\mathcal{B}_{M_P}$，那么对于任意的 $X \subseteq U$，我们可以描述 X 的秩为

$$r_+(X) = \max\{|B \cap X| : B \in \mathcal{B}_{M_P}\} \tag{5-28}$$

容易证明，$r_P(X) = r_+(X)$，即 $r_+(X)$也是 M_P 的秩函数。

与 X 在 M_P 中的秩函数不同的是，X 关于 M_P 的闭包指的是包含 X 的最大子集且该子集的秩函数等于 X 的秩函数。对于一个元素 $y \in U - X$，如果存在一个元素 $x \in X$ 使得$\{x, y\}$形成一个极小圈，那么 X 的秩等于 $X \cup \{y\}$的秩，即 y 属于 X 的闭包。由此，我们可以得到下面的命题。

命题 5.20 设 $M_P=(U,\mathcal{I}_P)$是由 P 导出的 $I\text{-}MIP$。$\forall X\subseteq U$，如果 $cl_P(X)=X\cup\{y\in U-X: x\in X\wedge xy\in E_P\}$，那么 $cl_{M_P}(X)=cl_P(X)$。

证明：根据定义 5.6，我们需要证明 $X\cup\{y\in U-X:x\in X\wedge xy\in E_P\}=\{x\in U:r_M(X\cup x)=r_M(X)\}$。容易发现，$\forall X\subseteq U$，$X\subseteq cl_P(X)$且 $X\subseteq cl_{M_P}(X)$。所以我们只需证明：$\forall y\in U-X$，$\exists x\in X$使得 $xy\in E_P$ 当且仅当 $y\in\{x\in U:r_M(X\cup x)=r_M(X)\}$。根据式(5-22)，$xy\in E_P$ 当且仅当 x 和 y 属于同一个等价类。再由定义 5.5 可知，$\forall X\subseteq U$，$r_{M_P}(X)$等于包含在 X 中的最大独立集的基数。根据命题 5.14，$\forall X'\subseteq X$，如果 X'是一个包含在 X 中的最大独立集，那么 $X'\cup\{y\}$不是一个独立集，即 $r_{M_P}(X)=|X'|=r_{M_P}(X'\cup\{y\})=r_{M_P}(X\cup\{y\})$。因此，$\forall x\in U$，$x\in cl_P(X)$当且仅当 $x\in\{x\in U:r_M(X\cup x)=r_M(X)\}$。所以$\forall X\subseteq U$，如果 $cl_P(X)=X\cup\{y\in U-X:x\in X\wedge xy\in E_P\}$，那么 $cl_{M_P}(X)=cl_P(X)$。证毕。

从命题 5.20 中我们可以发现，$\forall y\in U-X$，如果 $xy\in E(G_P[X])$，那么 $y\in cl_P(X)$。于是，X 关于 M_P 的闭包可以被等价地表示为

$$cl_P(X)=X\cup\{y\in U-X: xy\in E(G_P[X])\} \tag{5-29}$$

推论 5.7 设 $x\in U$。$\forall T\in P$，如果 $x\in T$，则 $cl_P(\{x\})=cl_P(T)$。

下面我们讨论 $I\text{-}MIP$ 的超平面。根据定义 5.8，拟阵的一个超平面是该拟阵的一个闭集且它的秩等于该拟阵的秩减去 1。因为，由划分 P 导出的 $I\text{-}MIP$ 的秩等于该划分的等价类的个数，所以我们可以得到下面的命题。

命题 5.21 设 M_P是由 P 导出的 $I\text{-}MIP$。若$\mathcal{H}_P=\{U-T:T\in P\}$，则$\mathcal{H}(M_P)=\mathcal{H}_P$。

证明：根据式(5-28)和命题 5.15 可知，$r_{M_P}(E)=|P|$。再由命题 5.20 和推论 5.7 可知，$\forall T\in P$，$U-T$ 是一个闭集且 $r_{M_P}(U-T)=|P|-1$。因此，$U-T\in\mathcal{H}_P$，即：$\forall X\in\mathcal{H}_P$，$X\in\mathcal{H}(M_P)$。同理，我们可以证明$\forall X\in\mathcal{H}(M_P)$，$X\in\mathcal{H}_P$。因此，如果$\mathcal{H}_P=\{U-T:T\in P\}$，则$\mathcal{H}(M_P)=\mathcal{H}_P$。证毕。

5.4.1.4 基于 *I-MIP* 的近似集合

在 5.4.1.3 节中我们研究了 $I\text{-}MIP$ 的一些主要特征，包括基、极小圈、秩函数、闭包和超平面，下面我们将利用 $I\text{-}MIP$ 的这些特征来刻画粗糙集的上、下近似算子。

命题 5.22 设 M_P是由 P 导出的 $I\text{-}MIP$，$\mathcal{B}(M_P)=\mathcal{B}_P$。$\forall X\subseteq U$，

$$\overline{R}(X)=\cup\{B-(B_X-X):B\in\mathcal{B}_P\wedge(B_X-X)\subseteq B\}$$

式中，$B_X\in\mathcal{B}_P$是一个与 X 有着最大交集的基。

证明：$\forall B\in\mathcal{B}_P$，$B\cap X$ 是一个包含于 X 的独立集。因为 B_X是一个与 X 有着最大交集的基，所以 $r_{M_P}(X)=|B_X\cap X|$，并且$\forall y\in B_X-X$，$[y]_R\cap X=\varnothing$。令 $S_1=\{[y]_R:y\in B_X-X\}$，$S_2=P-S_1$，则$\overline{R}(X)=U-\cup S_1=\cup S_2$。如果 $B_X-X\subseteq B$，那么 $B-(B_X-X)\subseteq\cup S_2$。根据推论 5.4，$\forall Y\subseteq\cup S_2$，如果$\forall T\in P-S_2$且$|Y\cap X|=1$，那么 $Y\cup(B_X-X)\in\mathcal{B}_P$，$\cup\{Y\subseteq\cup S_2:\forall T\in P-S_2$且$|Y\cap X|=1\}=\cup S_2$。因此，$\cup S_2=\cup\{B-(B_X-X):B\in\mathcal{B}_P\wedge(B_X-X)\subseteq B\}$，即$\overline{R}(X)=\cup\{B-(B_X-X):B\in\mathcal{B}_P\wedge(B_X-X)\subseteq B\}$。证毕。

命题 5.23 设 M_P 是由 P 导出的 *I-MIP*，$r_{M_P}=r_P$。$\forall X\subseteq U$，下列等式是成立的：

（1）$\overline{R}(X)=\{x\in U: r_P(X)=r_P(X\cup\{x\})\}$；

（2）$\overline{R}(X)=\cup\{T\in P: r_P(X)=r_P(X\cup T)\}$；

（3）$\overline{R}(X)=Max(\{Y\subseteq U: r_P(X)=r_P(Y)\})$。

证明：（1）根据命题 5.19，$r_P(X)=|Y|$，其中，$Y\subseteq X$ 且 $\forall T\in P$ 都有 $|Y\cap T|=1$。令 $T\in P$，如果 $|Y\cap T|=0$，那么 $T\cap X=\varnothing$ 且 $\forall t\in T$ 都有 $r_P(X)=r_P(X\cup\{t\})$，即：$T\not\subset\overline{R}(X)$ 且 $\forall t\in T$，$t\notin\{x\in U: r_P(X)=r_P(X\cup\{x\})\}$；否则，如果 $|Y\cap T|=1$，那么 $T\cap X\neq\varnothing$ 且 $\forall t\in T$ 都有 $r_P(X)=r_P(X\cup\{t\})$，即：$T\subseteq\overline{R}(X)$ 且 $\forall t\in T, t\in\{x\in U: r_P(X)=r_P(X\cup\{x\})\}$。因此，$\overline{R}(X)=\{x\in U: r_P(X)=r_P(X\cup\{x\})\}$。

类似地，我们可以证明（2）和（3）是成立的。证毕。

命题 5.24 设 M_P 是由 P 导出的 *I-MIP*，$cl_{M_P}=cl_P$。$\forall X\subseteq U$，$\overline{R}(X)=cl_P(X)$。

命题 5.25 设 M_P 是由 P 导出的 *I-MIP*，$\mathcal{H}(M_P)=\mathcal{H}_P$。$\forall X\subseteq U$，

$$\overline{R}(X)=\cup\{\sim H: H\in\mathcal{H}_P\wedge X-H\neq\varnothing\}$$

上述四个命题，我们分别利用 *I-MIP* 的基、秩函数、闭包和超平面刻画了粗糙集中目标集合 X 的上近似，由于 X 的上近似和下近似之间具有对偶性，所以我们可以通过对这些上近似求对偶的方式来获得 X 的下近似。

5.4.2 基于圈的粗糙集拟阵结构

在 5.4.1 节中我们从完全图的角度分析了粗糙集与拟阵之间的关系，现在我们将从圈的角度来讨论这个问题。首先分析了圈与粗糙集之间的内在联系，用圈的方式刻画了划分中的等价类。然后在此基础上构建粗糙集的拟阵结构，研究了该拟阵的一些主要特征，并利用这些特征等价刻画了粗糙集中的上、下近似运算，发掘出了一些新的性质。

5.4.2.1 圈与粗糙集

圈是一种首尾相连的特殊路径，其任意两个顶点之间都是连通的，而它的任意真子图都不再构成圈。在粗糙集中，一个划分的某个等价类中的任意两个不同元素都是不可分辨的，而该等价类的任意真子集都不再是划分中的一个等价类。由此，我们可以将一个等价类转换成一个圈，等价类中的元素作为圈的顶点集，而元素间的不可分辨关系则用连接这些顶点的圈来表示，即任意两个顶点之间都是连通的。此外，一个圈的真子图不再构成一个圈恰好与一个等价类的真子集不再是一个等价类相对应。为了更好地理解这一构想，下面通过一个例子来加以解释和说明。

例 5.6 在例 5.5 中，我们可以将等价类 T_1、T_2 和 T_3 分别转化成一个圈，如图 5-3 所示。

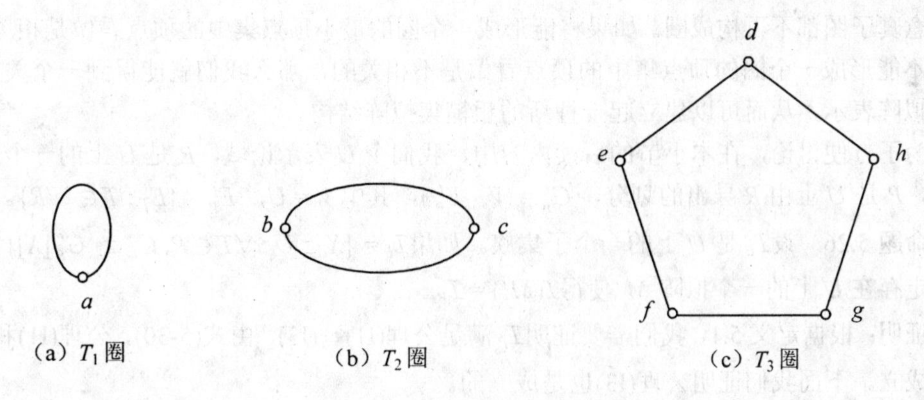

(a) T_1 圈　(b) T_2 圈　(c) T_3 圈

图 5-3　划分中等价类对应的圈

在图 5-3 中，等价类 T_1 被表示为一个只含有一个点的圈 C_{T_1}，如图(a)所示；等价类 T_2 则被表示为一个含有两个顶点的圈 C_{T_2}，如图(b)所示。通常，在图论中我们又将图(a)和图(b)分别称为环和重边。等价类 T_3 被表示为一个含有 5 个顶点的圈 C_{T_3}，如图(c)所示。需要说明的是，在图 5-3 的每个圈中，我们并不强调圈中的顶点次序，而只需要保证把以等价类为顶点集的这些顶点连接成一个圈就可以了。也就是说在图(c)中，如果调换顶点 d 和 g 的位置，并不影响我们对它与 T_3 之间关系的理解。

在图 5-3 中，对于每个等价类所对应的圈，用如下公式来对它们进行描述

$$C_T = (T, E_T) \tag{5-30}$$

式中，E_T 是圈中所有边的集合。则图(a)、(b)和(c)可分别表示为：$C_{T_1} = (T_1, E_{T_1})$，$C_{T_2} = (T_2, E_{T_2})$和 $C_{T_3} = (T_3, E_{T_3})$。从而我们可以将划分 U/R 表示为图 $G = (U, E)$，其中边集 E 为

$$E = \cup\{E_T : T \in U/R\} \tag{5-31}$$

正如上述所解释的，在这里我们也不强调 E_T 中具体包含哪些边，而只是表示它是等价类 T 对应的圈中所有边的集合。

在图 5-3 中我们容易发现，这三个圈的任意真子图都不再构成圈，而且图中任意两个顶点如果是来自同一个等价类，则它们一定是连通的；否则，它们是不连通的。于是，$\forall x \in U$，我们可以将 x 关于 R 的等价类用图的形式表示

$$[x]_R = \{y \in U : y \text{ 和 } x \text{ 是连通的}\} \tag{5-32}$$

类似地，对于 U 的任一子集 X，它关于 R 的上、下近似也可以通过圈的方式分别表示

$$\underline{R}(X) = \cup\{T \in U/R : C_T \subset G\} \tag{5-33}$$

$$\overline{R}(X) = \cup\{T \in U/R : \exists Y \subseteq T \text{ 使得 } C_T[Y] \subset G[X]\} \tag{5-34}$$

由此可见，从圈的角度我们也能很好地解释划分中等价类与元素之间的关系，并且能用这种方式简洁地表示粗糙集中的上、下近似。在拟阵中，圈拟阵正是从圈的这种特性出发而建立起来的。因此，我们将从圈的角度来研究粗糙集与圈拟阵之间的关系。

5.4.2.2　基于圈的粗糙集拟阵结构 *II-MIP*

在上述的分析中我们知道，划分中的任一等价类都可以被转换成一个圈，而这个圈

的任意真子图都不再构成圈。如果将能形成一个圈的最小顶点集中的顶点看做是相关的，而把不能形成一个圈的顶点集中的顶点看做是不相关的，那么我们就能得到一个关于划分的拟阵表示，从而可以建立起一种新的粗糙集拟阵结构。

为了方便讨论，在本小节的后续内容中，我们令 U 表示论域，R 是 U 上的一个等价关系，P 是 U 上由 R 导出的划分，$G_P'=(V,\ E_P')$，其中 $V=U$，$E_P'=\{E_T:T\in U/R\}$。

命题 5.26　设$\mathcal{I}_P'$是 U 上的一个子集族。如果$\mathcal{I}_P'=\{X\subseteq U:\forall T\in P, C_T\not\subset G_P'[X]\}$，那么一定存在 U 上的一个拟阵 M'使得$\mathcal{I}(M')=\mathcal{I}_P'$。

证明：根据定义 5.1，我们需要证明$\mathcal{I}_P'$满足公理(I1)～(I3)。由式(5-30)，公理(I1)和(I2)显然成立。下面我们证明公理(I3)也是成立的。

令 $I_1, I_2\in\mathcal{I}_P'$，$|I_1|<|I_2|$且 $I_2-I_1=\{e_1,e_2,\cdots,e_m\}(1\leqslant m\leqslant|U|)$。我们假设$\forall e_i\in I_2-I_1$，$\exists T_{e_i}\in P$使得$T_{e_i}\subseteq I_1\cup\{e_i\}$，即$T_{e_i}-e_i\subseteq I_1$。因为$|T_{e_i}-\{e_i\}|\geqslant 1$，所以$|T_{e_1}-\{e_1\}|+|T_{e_2}-\{e_2\}|+\cdots+|T_{e_m}-\{e_m\}|\geqslant m=|I_2-I_1|$。显然，$T_{e_i}\not\subseteq(I_1\cap I_2)\cup\{e_i\}$。因此，$|I_1|=|T_{e_1}-\{e_1\}|+|T_{e_2}-\{e_2\}|+\cdots+|T_{e_m}-\{e_m\}|+|I_1\cap I_2|$。由于$|I_2|=|I_2-I_1|+|I_2\cap I_1|$，我们可以推得$|I_1|\geqslant|I_2|$。这与我们之前的假设$|I_1|<|I_2|$相矛盾。所以$\exists e_i\in I_2-I_1$使得$\forall T\in P$，$T\not\subseteq I_1\cup\{e_i\}$，即 $C_T\not\subseteq G_P'[I_1\cup\{e_i\}]$。也就是说 $I_1\cup\{e_i\}\in\mathcal{I}_P'$。综上所述，$\mathcal{I}_P'$满足公理(I1)～(I3)。因此，如果$\mathcal{I}_P'=\{X\subseteq U:\forall T\in P, C_T\not\subset G_P'[X]\}$，那么一定存在 U 上的一个拟阵 M'使得$\mathcal{I}(M')=\mathcal{I}_P'$。证毕。

定义 5.18　如果 $E=U$，$\mathcal{I}=\{X\subseteq U:\forall T\in P, C_T\not\subset G_P'[X]\}$，则称拟阵 $M=(E,\mathcal{I})$是第二类由 P 导出的拟阵，简称为 *II-MIP*。

从定义 5.18 我们发现，对于$\mathcal{I}$中的任意一个独立集 I 来说，$\forall T\in P$ 都有 $I\cap T\subset T$，从而我们可以得到下面的命题。

命题 5.27　设$\mathcal{I}_+'$是 U 上的一个子集族。如果$\mathcal{I}_+'=\{\bigcup_{i=1}^{n}S_i:S_i\subset T_i\wedge T_i\in P\}$且 $n=|P|$，那么 $M_+'=(U,\mathcal{I}_+')$是一个 *II-MIP*。

证明：我们只需证明$\mathcal{I}_+'=\mathcal{I}_P'$。因为 $S_i\subset T_i$，所以$\forall I\in\mathcal{I}_+'$以及$\forall T\in P$ 都有 $I\cap T\subset T$，即：$\forall T\in P, C_T\not\subset G_P'[X]$，从而 $I\in\mathcal{I}_P'$。相反地，$\forall I\in\mathcal{I}_P'$，由于$\forall T\in P, C_T\not\subset G_P'[X]$，所以 $T\not\subseteq I$，即 $I\cap T\subset T$。所以 $I\in\mathcal{I}_+'$。因此，$\mathcal{I}_+'=\mathcal{I}_P'$。证毕。

下面我们研究 *II-MIP* 的公理化。

定理 5.4　如果 $M=(E,\mathcal{I})$是一个由划分导出的拟阵，那么 M 是一个 *II-MIP* 当且仅当$\forall C_1, C_2\in\mathcal{C}(M)$都有 $C_1\cap C_2=\varnothing$且$\cup\mathcal{C}(M)=U$。

证明：(⇒) 设 $M=(E,\mathcal{I})$是一个由 P 导出的 *II-MIP*。由定义 5.18 可知，$\forall T\in P$ 都有 $T\notin\mathcal{I}$，以及$\forall X\subset T$ 都有 $X\in\mathcal{I}$。于是，$\forall T\in P$ 都有 $T\in\mathcal{D}(M)$。再由式(5-1)和定义 5.3 可知，$\mathcal{C}(M)=P$。因此，$\forall C_1, C_2\in\mathcal{C}(M)$都有 $C_1\cap C_2=\varnothing$且$\cup\mathcal{C}(M)=U$。

(⇐) 因为$\forall C_1, C_2\in\mathcal{C}(M)$都有 $C_1\cap C_2=\varnothing$且$\cup\mathcal{C}(M)=U$，所以$\mathcal{C}(M)$是 U 上的一个划分。此外，因为$\mathcal{D}(M)=\{X\subseteq U:\exists C\in\mathcal{C}(M)$使得 $C\subseteq X\}$，$\mathcal{I}=2^U-\mathcal{D}(M)$，所以$\forall I\in\mathcal{I}$，不存在

$C \in \mathcal{C}(M)$使得 $C \subseteq I$。根据命题 5.26 和定义 5.18 可知，$M=(E, \mathcal{I})$是一个 *II-MIP*。

综上所述，定理 5.4 成立。证毕。

定理 5.5 设$\mathcal{P}$是论域 U 上所有划分的集合，$\mathcal{M}'$是$\mathcal{P}$中所有划分对应的 *II-MIP* 的集合。如果 $g: P \to \mathcal{M}'$，即$\forall P \in \mathcal{P}$都有 $g(P)=M'_P$，其中 M'_P 是由 P 导出的 *II-MIP*，则 g 满足下列条件：

（1）$\forall P_1, P_2 \in \mathcal{P}$，如果 $P_1 \neq P_2$，那么 $g(P_1) \neq g(P_2)$；

（2）$\forall M' \in \mathcal{M}'$，$\exists P_{M'} \in \mathcal{P}$使得 $g(P_{M'})=M'$。

证明：（1）令 $P_1, P_2 \in \mathcal{P}$，$M'_{P_1}=(U, \mathcal{I}_{P_1}{}')$和 $M'_{P_1}=(U, \mathcal{I}_{P_1}{}')$分别是由 P_1 和 P_2 导出的 *II-MIP*。我们需要证明存在 $I_1 \in \mathcal{I}_{P_1}{}'$使得 $I_1 \notin \mathcal{I}_{P_2}{}'$，或者存在 $I_2 \in \mathcal{I}_{P_2}{}'$使得 $I_2 \notin \mathcal{I}_{P_1}{}'$。因为 $P_1 \neq P_2$，所以一定存在一个等价类 $T_1 \in P_1$ 使得 $T_1 \notin P_2$。假设$\forall T \in P_2$ 都有 $T_1 \not\subseteq T$，则$\exists X \subset T_1$ 使得 $X \in \{S: S \subset T_1\}$且 $X \notin \{S: S \subset T \wedge T \in P_2\}$。根据命题 5.27，$X \in \mathcal{I}_{P_1}{}'$且 $X \notin \mathcal{I}_{P_2}{}'$。相反地，如果存在 $T_2 \in P_2$ 使得 $T_1 \subseteq T_2$，那么$\exists X \subset T_2$ 使得 $X \in \{S: S \subset T_2\}$且 $X \notin \{S: S \subset T \wedge T \in P_1\}$。根据命题 5.27，$X \in \mathcal{I}_{P_2}{}'$且 $X \notin \mathcal{I}_{P_1}{}'$。

（2）设 $M'=(E, \mathcal{I}')$是一个 *II-MIP*。根据定理 5.4 可知，$\mathcal{C}(M')$是论域 U 上的一个划分，即 $g(\mathcal{C}(M'))=M'$。证毕。

定理 5.5 表明，在一个划分和由其导出的 *II-MIP* 之间存在着一个双射，即：一个划分能唯一导出一个 *II-MIP*，而一个 *II-MIP* 也唯一对应着一个划分。

5.4.2.3 *II-MIP* 的特征

本小节将研究 *II-MIP* 的一些主要特征，包括 *II-MIP* 的基、极小圈、闭包、秩函数和超平面。此外，我们还提出了下近似数的概念，并研究了它与 *II-MIP* 的秩函数之间的关系，得到了一些有意义的结论。

命题 5.28 设 M'_P 是由 P 导出的 *II-MIP*，$n=|P|$。如果$\mathcal{B}_P{}'=\{\bigcup_{i=1}^{n}(T_i-\{x_i\}): T_i \in P \wedge x_i \in T_i\}$，那么$\mathcal{B}(M'_P)=\mathcal{B}_P{}'$。

从这个命题我们可以发现，$\forall B \in \mathcal{B}(M'_P)$，$P$ 中任一等价类都不包含于 B。如果向 B 中添加任一新的元素，则一定会存在一个圈的顶点集包含于 B。于是，我们可以利用圈来表示$\mathcal{B}(M'_P)$。

推论 5.8 $\mathcal{B}_P{}'=Max\{B \subseteq U$：$G'_P[B]$不包含一个圈$\}$。

从命题 5.28 和推论 5.8 中我们发现，如果$\forall T \in P$ 都有$|T|=1$，那么$\mathcal{B}_P{}'=\varnothing$。进一步地，我们可以得到下面的推论。

推论 5.9 如果$\mathcal{B}(M'_P)=\mathcal{B}_P{}'$，则$\cap\mathcal{B}(M'_P)=\varnothing$。

在上述的分析中我们知道，一个圈的任意真子图都不再构成一个圈，而划分 P 中的每个等价类对应着一个圈。对于论域 U 中的任意子集 X，如果在 X中存在一个子集恰好是一个等价类，那么 X就是一个相关集，而这个子集则是一个极小相关集，且它对应着一个圈。在 *II-MIP* 中，这个子集又被称为一个极小圈。于是我们得到下面的命题。

命题 5.29 如果M'_P是由 P 导出的 *II-MIP*，那么$\mathcal{C}(M'_P)=P$。

这个命题表明，*II-MIP* 的所有极小圈的集合恰好等于导出该拟阵的划分，这与我们之前将划分中的每个等价类都转化为一个圈也是对应的，即每个圈的顶点集合对应着 *II-MIP* 的一个极小圈。

推论 5.10 如果$\mathcal{C}_P{}'=\{C\subseteq U:G'_P[C]$是一个圈$\}$，那么$\mathcal{C}(M'_P)=\mathcal{C}_P{}'$。

下面我们来讨论 *II-MIP* 的秩函数。

命题 5.30 设M'_P是由 P 导出的 *II-MIP*，$X\subseteq U$。如果$r'_P(X)=\max\{|Y|:Y\subseteq X\wedge(\forall T\in P, T\not\subseteq Y)\}$，那么$r_{M'_P}(X)=r'_P(X)$。

推论 5.11 $\forall X\subseteq U$，如果 X 是一个可定义集且 $X\neq\varnothing$，那么$r'_P(X)=|X|-1$。

在本章提及的拟阵的所有特征中，只有秩是一个数字特征，这对于量化一个拟阵具有重要意义。在下面的研究中，我们还将继续对拟阵的秩展开进一步的研究和探讨。

定理 5.6 设M'_P是由 P 导出的 *II-MIP*，$r_{M'_P}=r'_P$，$X\subseteq U$是一个关于 P 的可定义集。$\forall Y\subseteq U$，如果$X\cap Y=\varnothing$，那么$r'_P(X\cup Y)=r'_P(X)+r'_P(Y)$。

证明：因为 X 是一个可定义集且$X\cap Y=\varnothing$，根据命题 5.27 可知，$\forall I_1\in Max\{I\in\mathcal{I}_P{}':I\subseteq X\}$以及$\forall I_2\in Max\{I\in\mathcal{I}_P{}':I\subseteq Y\}$，$I_1\cap I_2=\varnothing$。此外，我们还可以得到$I_1\cup I_2\in Max\{Z\subseteq X\cup Y:\forall T\in P, T\not\subseteq Z\}$。根据定义 5.5 可知，$r'_P(X)=|I_1|$，$r'_P(Y)=|I_2|$。因为$I_1\cap I_2=\varnothing$，所以$|I_1\cup I_2|=|I_1|+|I_2|$。因此，$r'_P(X\cup Y)=r'_P(X)+r'_P(Y)$。证毕。

对于论域上任意一个子集，定理 5.6 提供了一种新的方式去求该子集的秩，即：首先将该子集分成两个不相交的集合，其中一个为可定义集，然后再分别求出两个集合的秩，则它们的秩的和就等于该子集的秩。很明显，论域上的任意子集都可以被拆分成一个可定义集和这个可定义集关于该子集的补集两个集合，而一个非空可定义集的秩可以根据推论 5.11 很容易求得。

为了更好地挖掘 *II-MIP* 的秩的一些特性，我们将引入下近似数的概念，与秩相似的是，下近似数也是一个用于描述数值型特征的概念。这一概念是根据 Wang 等[83, 85, 134]定义的上近似数而给出的一个对应概念。当然，为了更容易理解这个概念和后续的一些内容，我们先介绍右邻域和上近似数的概念。

定义 5.19 (右邻域[134]) 设 R 是一个 U 上的一个二元关系。$\forall x\in U$，$RN_R(x)=\{y\in U:xRy\}$被称为 x 关于 R 的右邻域。

定义 5.20 (上近似数[85]) 设 R 是一个 U 上的一个二元关系。$\forall X\subseteq U$，如果

$$f_R^*(X)=|\{RN_R(x):x\in U\wedge RN_R(x)\cap X\neq\varnothing\}|$$

那么$f_R^*(X)$被称为 X 关于 R 的上近似数。在与其他不混淆的情况下省略下标 R。

定义 5.21 (下近似数) 设 R 是一个 U 上的一个二元关系。$\forall X\subseteq U$，如果

$$f_{*R}(X)=|\{RN_R(x):x\in U\wedge RN_R(x)\subseteq X\}|$$

那么$f_{*R}(X)$被称为 X 关于 R 的下近似数。在与其他不混淆的情况下省略下标 R。

例 5.7 设$U=\{a,b,c,d,e,f,g,h\}$是一个论域，R 是 U 上的一个等价关系，$U/R=\{T_1, T_2, T_3, T_4\}=\{\{a,b\},\{c\},\{d,e,f\},\{g,h\}\}$，$X_1$、$X_2$ 和 X_3 是 U 上的三个子集，其中$X_1=\{a,b,$

$c\}$，$X_2 = \{a, d, g\}$，$X_3 = \{a, c, g, h\}$。求 X_1、X_2 和 X_3 的上、下近似数。

因为 R 是一个等价关系，所以 $\forall x \in U$，$RN_R(x) = [x]_R$。于是，根据定义 5.20、5.21，我们分别得到 X_1、X_2 和 X_3 的上、下近似数为

$$f^*(X_1) = |\{T_1, T_2\}| = 2，f^*(X_2) = |\{T_1, T_3, T_4\}| = 3，f^*(X_3) = |\{T_1, T_2, T_4\}| = 3$$
$$f_*(X_1) = |\{T_1, T_2\}| = 2，f_*(X_2) = |\varnothing| = 0，f_*(X_3) = |\{T_2, T_4\}| = 2$$

定理 5.7 设 M'_P 是由 P 导出的 *II-MIP*，$r_{M'_P} = r'_P$。$\forall X \subseteq U$，$r'_P(X) = |X| - f_*(X)$。

证明：设 $A \subseteq X$ 是包含在 X 中的一个最大可定义集。因为 $X = A \cup (X - A)$，所以如果 $X - A$ 不为空，则 $X - A$ 是一个不可定义集。根据命题 5.30、推论 5.11 以及定义 5.21 可知，$r'_P(A) = |A| - f_*(X)$ 且 $r'_P(X - A) = |X - A| = |X| - |A|$。从而根据定理 5.6 可得，$r'_P(X) = r'_P\ (A \cup (X - A)) = r'_P(A) + r'_P(X - A) = |X| - f_*(X)$。证毕。

引理 5.1 设 M'_P 是由 P 导出的 *II-MIP*，$r_{M'_P} = r'_P$。$\forall X \subseteq U$，$r'_P(X) + r'_P(\sim X) = |U| - (f_*(X) + f_*(\sim X))$。

证明：设 $A \subseteq X$ 和 $B \subseteq \sim X$ 分别是包含于 X 和 $\sim X$ 的最大可定义集。根据定理 5.7 可知，$r'_P(X) = |X| - f_*(X)$，$r'_P(\sim X) = |\sim X| - f_*(\sim X)$，从而 $r'_P(X) + r'_P(\sim X) = |X| + |\sim X| - f_*(X) - f_*(\sim X) = |U| - (f_*(X) + f_*(\sim X))$。证毕。

如果 X 是一个可定义集，则 $\sim X$ 也是一个可定义集。所以我们可以得到下面的命题。

命题 5.31 设 M'_P 是由 P 导出的 *II-MIP*，$r_{M'_P} = r'_P$。$\forall X \subseteq U$，X 是一个可定义集当且仅当 $r'_P(X) + r'_P(\sim X) = |U| - |P|$。

证明：($\Rightarrow$) 根据定理 5.6、5.7 和引理 5.1，该结论显然成立。

($\Leftarrow$) 根据引理 5.1，$|P| = f_*(X) + f_*(\sim X)$。再由定义 5.21 可知，$X$ 是一个可定义集。证毕。

下面我们来讨论 *II-MIP* 的闭包。从定义 5.6 中我们可以看出，$\forall X \subseteq U$，如果对于 $U - X$ 中的一个元素 x，$X \cup \{x\}$ 的秩等于 X 的秩，则 x 属于 X 的闭包。在 *II-MIP* 中，从上述的分析中我们知道，如果 $X \cup \{x\}$ 比 X 中含有圈的数量多，则可以说 x 属于 X 的闭包。

命题 5.32 设 M'_P 是由 P 导出的 *II-MIP*。$\forall X \subseteq U$，如果 $cl'_P(X) = X \cup \{x \in U - X : \exists Y \subseteq X$ 使得 $Y \cup \{x\} \in P\}$，那么 $cl_{M'_P}(X) = cl'_P(X)$。

证明：根据命题 5.30，$\forall\, x \in X$，$r'_P(X) = r'_P(X \cup \{x\})$。再根据定义 5.6 可知，$X \subseteq cl_{M_P'}(X)$。令 $Y_X \subseteq X$ 且 $|Y_X| = r'_P(X)$，$\forall\, x \in U - X$，如果 $x \in cl_{M'_P}(X)$，那么 $r'_P(X) = r'_P(X \cup \{x\})$。从而，$\forall T \in P, T \not\subseteq Y_X$。也就是说 $\exists T \subseteq Y_X \cup \{x\}$，即 $\exists Y \subseteq Y_X$ 使得 $Y \cup \{x\} \in P$。因此，$cl_{M'_P}(X) = cl'_P(X)$。证毕。

命题 5.33 设 M'_P 是由 P 导出的 *II-MIP*。如果 $\mathcal{H}_P' = \{U - X : T \in P \wedge X \subseteq T \wedge |X| = 2\}$，那么 $\mathcal{H}(M'_P) = \mathcal{H}_P'$。

证明：根据定义 5.8，我们需要证明 $\forall H \in \mathcal{H}_P'$，$H$ 是 M'_P 的闭集，$r_{M'_P}(H) = r_{M'_P}(U) - 1$。另外，我们还需证明 $\forall Y \subseteq U$，如果 $Y \notin \mathcal{H}_P'$，则 Y 不是 M'_P 的一个超平面。

（1）$\forall H \in \mathcal{H}_P{}'$，$H$ 是 M'_P 的闭集。

$\forall H \in \mathcal{H}_P{}'$，存在一个等价类 $T \in P$ 和 T 的一个子集 X，使得$|X| = 2$ 且 $H = U - X$。于是，$\forall Y \subseteq H$ 和$\forall x \in X$，都有 $Y \cup \{x\}$不是一个等价类，即 $Y \cup \{x\} \notin P$。从而$\{x \in X : \exists Y \subseteq H$ 使得 $Y \cup \{x\} \in P\} = \varnothing$。因此，根据命题 5.32，$H$ 是 M'_P 的一个闭集。

（2）$\forall H \in \mathcal{H}_P{}'$，$r_{M'_P}(H) = r_{M'_P}(U) - 1$。

$\forall T \in P$，因为 T 是一个可定义集，根据定理 5.6 可得

$$r_{M'_P}(U) = r_{M'_P}(T \cup {\sim}T) = r_{M'_P}(T) + r_{M'_P}({\sim}T) = |T| - 1 + r_{M'_P}({\sim}T)$$

即

$$r_{M'_P}({\sim}T) = r_{M'_P}(U) - |T| + 1 \tag{5-35}$$

另外，因为$\sim T$ 也是一个可定义集，根据定理 5.6 可得

$$r_{M'_P}(H) = r_{M'_P}((T - X) \cup {\sim}T) = r_{M'_P}(T - X) + r_{M'_P}({\sim}T) = |T| - 2 + r_{M'_P}({\sim}T)$$

即

$$r_{M'_P}(H) = |T| - 2 + r_{M'_P}({\sim}T) \tag{5-36}$$

因此，根据式(5-35)和式(5-36)可得，$r_{M'_P}(H) = r_{M'_P}(U) - 1$。

（3）$\forall Y \subseteq U$，如果 $Y \notin \mathcal{H}_P{}'$，则 Y 不是 M'_P 的一个超平面。

如果 $Y \notin \mathcal{H}_P{}'$，那么存在两种情况：① $|U - Y| = 2$ 且$\forall T \in P$，$U - Y \nsubseteq T$；② $|U - Y| \neq 2$。下面我们分别就这两种情况展开证明。

1) 根据命题 5.32，$cl'_P(Y) = U$，所以 Y 不是一个闭集。

2) 如果$|U - Y| = 1$，那么 $cl'_P(Y) = U$，所以 Y 不是一个闭集。如果$|U - Y| > 2$，那么我们假设 $cl'_P(Y) = Y$。此时，如果存在 $T \in P$ 使得$(U - Y) \cap T \neq \varnothing$，那么$|(U - Y) \cap T| > 2$。因此

$$r_{M_P{}'}(Y) = \sum_{\substack{T \in P \\ (U-Y) \cap T \neq \varnothing}} (|T| - |(U - Y) \cap T|) + \sum_{\substack{T \in P \\ (U-Y) \cap T \neq \varnothing}} (|T| - 1)$$

在这种情况下，$r_{M'_P}(Y)$不等于 $r_{M'_P}(Y) - 1 = \sum_{T \in P}(|T| - 1) - 1$。

综上所述，如果$\mathcal{H}_P{}' = \{U - X : T \in P \wedge X \subseteq T \wedge |X| = 2\}$，那么$\mathcal{H}(M'_P) = \mathcal{H}_P{}'$。

5.4.2.4　基于 *II-MIP* 的近似集合

5.4.2.3 节讨论了 *II-MIP* 的一些主要特征，下面我们将利用这些特征来刻画粗糙集的上、下近似。在这里，我们通过 *II-MIP* 的极小圈、秩函数和闭包，分别得到了三种上、下近似的等价刻画。

命题 5.34　设 M'_P 是由 P 导出的 *II-MIP*，$\mathcal{C}(M'_P) = \mathcal{C}_P{}'$。$\forall X \subseteq U$，

$$\underline{R}(X) = \cup\{C \in \mathcal{C}_P{}' : C \subseteq X\}$$

$$\overline{R}(X) = \cup\{C \in \mathcal{C}_P{}' : C \cap X \neq \varnothing\}$$

在粗糙集中，目标集合的上、下近似都是可定义集，其中下近似是包含在目标集合中的一个最大可定义集，而上近似则是包含目标集合的一个最小可定义集。命题 5.31 提

供了一种拟阵方式去判断一个集合是否为可定义集，由此我们可以得到下面的命题。

命题 5.35 设 M'_P 是由 P 导出的 *II-MIP*，$r_{M'_P}=r'_P$。$\forall X\subseteq U$，

$$\underline{R}(X)=Max(\{Y\subseteq X: r'_P(Y)+r'_P(\sim Y)=|U|-|P|\}) \tag{5-37}$$

$$\overline{R}(X)=Min(\{X\subseteq Y: r'_P(Y)+r'_P(\sim Y)=|U|-|P|\}) \tag{5-38}$$

证明：根据命题 5.31，$\forall X\subseteq U$，如果 $r'_P(X)+r'_P(\sim X)=|U|-|P|$，那么 X 是一个可定义集。因此，$Max(\{Y\subseteq X: r'_P(Y)+r'_P(\sim Y)=|U|-|P|\})$是包含在 X 中的最大可定义集，$Min(\{X\subseteq Y: r'_P(Y)+r'_P(\sim Y)=|U|-|P|\})$则是包含 X 的最小可定义集。再根据粗糙集中上、下近似的定义，命题 5.35 显然成立。证毕。

下面我们用 *II-MIP* 的闭包算子来刻画粗糙集的上、下近似。

命题 5.36 设 M'_P 是由 P 导出的 *II-MIP*，$cl_{M'_P}=cl'_P$。$\forall X\subseteq U$，

$$\underline{R}(X)=\{x\in X: cl'_P(X)=cl'_P(X-\{x\})\} \tag{5-39}$$

证明：$\forall T\in P$，如果 $T\subseteq X$，那么$\forall x\in T$ 都有 $T-\{x\}\subseteq X$。根据命题 5.32，$cl'_P(X)=cl'_P(X-\{x\})$，从而 $x\in\{y\in X: cl'_P(X)=cl'_P(X-\{y\})\}$。再根据下近似的定义可知，$\underline{R}(X)=\{x\in X: cl'_P(X)=cl'_P(X-\{x\})\}$。证毕。

因为粗糙集中的上、下近似之间具有对偶性，所以在命题 5.36 中，我们可以得到$\overline{R}(X)=\sim\{x\in\sim X: cl'_P(\sim X)=cl'_P(\sim X-\{x\})\}$。

5.4.3 完全图拟阵结构与圈拟阵结构的关系

在前面我们分别建立了基于完全图和圈的粗糙集的拟阵结构，并分别讨论了它们的一些主要特征。从这些结果的表达形式上看，它们之间的确存在很大差异，但在分析过程中，我们也感受到了它们之间似乎存在着一些密切的关系。本小节将对这两种拟阵结构之间的关系进行探讨。

从完全图和圈的角度出发分别建立的粗糙集拟阵结构，在形式上虽然有着截然的不同，但它们都是基于同一个划分，这说明它们之间一定有着密切的联系。通过分析我们发现，这两种拟阵结构对应的主要特征之间存在着很好的对称性，这一点与拟阵论中的对偶拟阵很相似。于是，我们考虑对这两种拟阵结构进行这方面的研究，看它们是否为一组对偶拟阵。

定义 5.22 (对偶拟阵[193]) 设 $M=(E,\mathcal{I})$是一个拟阵，$\mathcal{B}$是 M 的所有基的集合。M^* 被称为 M 的对偶拟阵，如果它的所有基的集合$\mathcal{B}^*$满足：$\mathcal{B}^*=Com(\mathcal{B})$。如果$\mathcal{I}(M)=\mathcal{I}(M^*)$，那么 M 被称为是一个自偶拟阵。

在下面的讨论中，为了方便起见，我们令 U 表示一个论域，P 是 U 上的一个划分，M_P 和 M'_P 分别表示由 P 导出的 *I-MIP* 和 *II-MIP*。

命题 5.37 如果 $M_P{}^*$是 M_P 的对偶拟阵，那么 $M_P{}^*=M'_P$。

证明：$\forall B\in\mathcal{B}(M_P)$，根据定义 5.22，$U-B\in\mathcal{B}(M_P{}^*)$。因为$\forall T\in P$ 都有$|T\cap B|=1$，所以$\exists x\in T$ 使得 $T-\{x\}\subseteq U-B$。于是，$\mathcal{B}(M_P{}^*)=\{\bigcup_{i=1}^{n}(T_i-x_i): T_i\in P\wedge x_i\in T_i\}$，这里 $n=$

$|P|$。根据命题 5.28，$\mathcal{B}(M_P^*)=\mathcal{B}(M'_P)$。证毕。

命题 5.37 表明，M_P 和 M'_P 是一组对偶拟阵，这是一个很有意义的结论，对我们研究粗糙集将会非常有帮助。不过命题 5.37 是基于同一个划分 P 上来讨论了 *I-MIP*、*II-MIP* 和 *I-MIP* 的对偶拟阵之间的关系，如果基于不同的划分导出的 *I-MIP* 和 *II-MIP* 是否有可能为一组对偶拟阵呢？或者不同的 *I-MIP*(或 *II-MIP*)之间是否会是一组对偶拟阵呢？下面我们将对这些问题展开研究。

命题 5.38　设 P_1 和 P_2 是 U 上的两个划分，M_{P_1} 是由 P_1 导出的 *I-MIP*，M_{P_2} 是由 P_2 导出的 *II-MIP*。如果 ${M_{P_1}}^*$ 是 M_{P_1} 的对偶拟阵，那么 ${M_{P_1}}^*=M_{P_2}$ 当且仅当 $P_1=P_2$。

证明：根据定理 5.3、5.5 和命题 5.37，该结论显然成立。证毕。

命题 5.38 表明，由不同的划分分别导出的 *I-MIP* 和 *II-MIP* 之间不可能是一组对偶拟阵。

命题 5.39　设 P_1 和 P_2 是 U 上的两个划分，M_{P_1} 和 M_{P_2} 分别是由 P_1 和 P_2 导出的 *I-MIP*。如果 ${M_{P_1}}^*$ 是 M_{P_1} 的对偶拟阵，那么 ${M_{P_1}}^*\neq M_{P_2}$。

证明：假设 ${M_{P_1}}^*=M_{P_2}$。根据命题 5.37，${M_{P_1}}^*$ 是一个 *II-MIP*。再由命题 5.29 可知，$\mathcal{C}({M_{P_1}}^*)=P_1=\mathcal{C}(M_{P_2})$。因此，根据定理 5.2，$\forall T\in P_1$，$|T|=2$，从而 $P_1=P_2$。这与我们的已知条件 $P_1\neq P_2$ 矛盾，假设 ${M_{P_1}}^*=M_{P_2}$ 不成立。因此，如果 ${M_{P_1}}^*$ 是 M_{P_1} 的对偶拟阵，那么 ${M_{P_1}}^*\neq M_{P_2}$。证毕。

命题 5.39 表明，不同的 *I-MIP* 之间是不可能互为对偶拟阵的。

命题 5.40　设 P_1 和 P_2 是 U 上的两个划分，M_{P_1} 和 M_{P_2} 分别是由 P_1 和 P_2 导出的 *II-MIP*。如果 ${M_{P_1}}^*$ 是 M_{P_1} 的对偶拟阵，那么 ${M_{P_1}}^*\neq M_{P_2}$。

命题 5.40 表明，不同的 *II-MIP* 之间是不可能互为对偶拟阵的。下面我们考虑对于同一个划分产生的 *I-MIP* 和 *II-MIP*，它们在什么情况下相等。

命题 5.41　$M_P=M'_P$ 当且仅当 $\forall T\in P$ 都有 $|T|=2$。

证明：(⇒) 如果 $M_P=M'_P$，那么 $\mathcal{I}(M_P)=\mathcal{I}(M'_P)$。在根据命题 5.13、5.14 和命题 5.26 可得，$\forall T\in P$ 都有 $|T|=2$。

(⇐) 如果 $\forall T\in P$ 都有 $|T|=2$，则根据命题 5.13、5.14 和命题 5.26 可得，$\mathcal{I}(M_P)=\mathcal{I}(M'_P)$。证毕。

下面我们讨论 M_P 和 M'_P 的一些主要特征之间的关系，如它们的秩、闭包和超平面之间的内在联系。

定理 5.8　设 $X\subseteq U$ 是一个子集，$r_{M'_P}=r_P$ 且 $r_{M'_P}=r'_P$。$r_P(X)=r'_P(X)$ 当且仅当 $|X|=f_*(X)+f^*(X)$。

证明：(⇒) 如果 $r_P(X)=r'_P(X)$，那么根据定理 5.7 可知，$r_P(X)=|X|-f_*(X)$。又根据定义 5.20 和命题 5.19 可得，$r_P(X)=f^*(X)$。从而 $f^*(X)=|X|-f_*(X)$。因此，$|X|=f_*(X)+f^*(X)$。

(⇐) 同理可证必要性是成立的。

综上所述，$r_P(X)=r'_P(X)$ 当且仅当 $|X|=f_*(X)+f^*(X)$。证毕。

命题 5.42　设 $X\subseteq U$ 是一个子集，$cl_{M_P}=cl_P$ 且 $cl_{M'_P}=cl'_P$。$cl'_P(X)=cl_P(X)$ 当且仅当

$\forall x \in U-X$ 都有 $r'_P(\{x\}) \neq 0$。

证明：(⇒) 因为 $cl'_P(X) = cl_P(X)$，根据命题 5.20 和命题 5.32 可得，$\{y \in U-X : \exists Y \subseteq X$ 使得 $Y \cup \{y\} \in P\} \subseteq \{y \in U-X : x \in X \wedge xy \in E_P\}$。因为 $E_P = \{xy : x \in T \in P \wedge y \in T - \{x\}\}$，所以 $\forall y \in \{y \in U-X : x \in X \wedge xy \in E_P\}$ 都有 $\{y\} \notin P$，以及 $\forall y \in \{y \in U-X : \exists Y \subseteq X$ 使得 $Y \cup \{y\} \in P\}$ 都有 $\{y\} \notin P$。因此，$\forall x \in U-X$ 都有 $r'_P(\{x\}) \neq 0$。

(⇐) 根据命题 5.20 和命题 5.32，必要性显然成立。

综上所述，$cl'_P(X) = cl_P(X)$ 当且仅当 $\forall x \in U-X$ 都有 $r'_P(\{x\}) \neq 0$。证毕。

命题 5.43 设 $H \in \mathcal{H}(M_P)$。$H \in \mathcal{H}(M_P)$ 当且仅当 $U-H \in \mathcal{C}(M_P)$。

证明：(⇒) 根据命题 5.21 可知，$U-H \in P$，即 $\exists T \in P$ 使得 $U-H = T$。如果 $H \in \mathcal{H}(M_P)$，那么根据命题 5.33 可得 $|U-H| = |T| = 2$。再由命题 5.17 和推论 5.6 可知，$T \in \mathcal{C}(M_P)$，即 $U-H \in \mathcal{C}(M_P)$。

(⇐) 如果 $U-H \in \mathcal{C}(M_P)$，那么 $|U-H| = 2$ 且 $\exists T \in P$ 使得 $U-H = T$。因此，根据命题 5.21 和命题 5.33 可得，$H \in \mathcal{H}(M_P)$。证毕。

5.5 本章小结

本章将粗糙集与拟阵论相结合，从拟阵中的均匀拟阵以及图论中的完全图和圈三个不同角度出发，分别提出了粗糙集的三种拟阵结构。值得说明的是，这三种拟阵结构的建立均是基于论域的划分——一种特殊的覆盖，对于一般覆盖的拟阵结构还在进一步的研究之中，而本章得到的一些结果为这方面工作的展开奠定了扎实的基础。本章的主要研究成果体现在以下几个方面：

（1）建立了划分中等价类与拟阵中均匀拟阵之间的关系，实现了两者之间的相互转换，并利用拟阵中的直和运算将这些由划分导出的一族离散的均匀拟阵合并成了一个新的拟阵，从而在整体上反映了一个划分的各种拟阵特性。在此基础上，用拟阵的方式等价刻画了粗糙集中的上、下近似等重要概念，建立了粗糙集的拟阵结构，发掘了粗糙集中一些新的性质。

（2）将图论中完全图的特性与粗糙集中划分的特点联系起来，从而通过图与拟阵之间的密切关系，建立了基于完全图的粗糙集拟阵结构。研究了该拟阵结构的一些主要特征，并利用这些特征来构建粗糙集的近似模型。

（3）将图论中圈的特性与粗糙集中划分的特点联系起来，建立了基于圈的拟阵结构，从另外一种图的角度阐释了粗糙集与拟阵之间的密切联系。通过引入下近似数的概念，同时结合基于圈的粗糙集拟阵结构中的秩，从量化的角度很好地刻画了粗糙集中一些重要概念和性质，并发现了一些新的性质。

（4）研究了基于完全图和圈的粗糙集拟阵结构之间的关系，证明这两种不同的拟阵恰好为一组对偶拟阵，这对我们用拟阵的方式研究粗糙集有着重要的理论意义。

第 6 章　拟阵近似空间下的粗糙集知识约简

6.1　引　言

计算机和网络技术的迅猛发展，推进了人类迈向数字化社会的进程，人们在全面体验数字化所带来的便利和高效的过程中，也遭遇了如何对无数海量数据库中的信息进行有效处理的严峻挑战。大量冗余数据存在于现实应用中的很多数据库中，这不仅增加了对其进行管理的成本，而且也严重影响了从中提取有用信息的效率。如何有效地去除数据库中的这些冗余数据，便成为学术界一个热点研究问题。作为粗糙集理论的核心内容之一，知识约简凭借其在去除冗余数据方面的优良表现，已成为诸如模式识别、机器学习和数据挖掘等智能信息处理领域中一个关键技术，具有非常重要的地位。

在粗糙集中，知识约简通常包括属性约简和属性值约简，后者也常被称为知识范畴的约简。其中，属性约简受到国内外学者的广泛关注，出现了大量关于这方面的算法。由于在实际问题中，需要处理的数据集往往都具有较大规模，所以对其进行属性约简的算法中大部分都是启发式算法，如基于属性重要度的属性约简算法[200, 201]、基于信息熵的属性约简算法[202~207]、基于条件熵的属性约简算法[5, 208~211]以及基于互信息的属性约简算法[212~214]等等。此外，Skowron 提出的基于不可区分矩阵的属性约简算法[215]，巧妙地利用矩阵的特点来快捷地计算出信息系统的属性约简，所以该方法一经提出便引起了国内外学者的研究兴趣，提出了许多相应的改进算法[216~219]，使之成为知识约简中一类非常重要的属性约简算法。除了这些直接根据粗糙集中知识约简的定义而开发的一系列属性约简算法之外，也有许多学者利用其他数学理论和方法来刻画和综合设计属性约简算法，如将格[81, 188]、模糊集[64, 220~225]、伽马系数[226]、遗传算法[73, 75, 76, 227~229]、蚁群算法[230-233]以及粒子群优化算法[234]等引入粗糙集的属性约简算法的研究和设计中，并在实际问题的解决中表现出了良好效果。这些研究不仅丰富了粗糙集中知识约简的内容，而且也促进了知识约简在更多现实问题中的灵活运用，从而推动了粗糙集的知识约简理论更广泛的应用。

在本章中我们将拟阵论与粗糙集相结合，用拟阵的方式来实现粗糙集中的知识约简。首先我们在拟阵中给出了双元圈的定义，并分析了它与论域划分中的等价类之间的关系，从而将知识表达系统表示为一族拟阵的集合。其次，利用双元圈建立拟阵近似空间，将粗糙集中的一些重要概念在拟阵近似空间中进行描述和讨论。最后，我们利用拟阵的方式研究了信息系统和决策系统中的知识约简问题，包括信息系统中的属性约简、决策系统中的相对属性约简以及对应的属性值的约简，并给出了相关的约简算法。需要强调的是，本章所提到的知识表达系统均指的是属性为单值的完备知识表达系统。

6.2 粗糙集知识约简

在本节中我们将介绍粗糙集中有关知识约简的一些基本概念，包括知识表达系统、约简、核、相对约简以及相对核等，便于理解后续两节的研究内容。本节所介绍的相关知识可参考文献[10]、[137]、[138]。

6.2.1 知识表达系统

在粗糙集中，知识被看成是一种对事物的分类能力，它可用知识系统中对象的集合来进行描述和表示，即：论域中的任意子集可看成是论域上的一个概念或者一个范畴，若干概念或范畴的集合则被看成是论域上的一个知识。在第 2 章我们介绍了知识库的概念，对于一个知识库 $S=(U, \boldsymbol{R})$来说，$IND(S)$包含了这个知识库中的所有不可分辨关系，每一个不可分辨关系都可以得到论域 U 上的一个划分，而每个划分又可以看成是一个知识。如何将这些不可分辨关系对应的知识表示出来，是粗糙集理论研究中的一个重要内容。下面我们来介绍知识表达系统的概念。

定义 6.1 (知识表达系统) 知识表达系统是一个序对 $KRS=(U, A)$，其中 U 是一个论域，A 是一个非空有限的属性集。A 中的每个初等属性 $a\in A$ 是一个全函数 $a: U\to V_a$，V_a 是 a 的值域。

对于 A 的一个子集 B，我们可以把它看成是一个不可分辨关系，即

$$IND(B)=\{(x, y)\in U\times U: \forall a\in B, a(x)=a(y)\} \tag{6-1}$$

显然，$IND(B)$是一个等价关系，即

$$IND(B)=\bigcap_{a\in B} IND(a) \tag{6-2}$$

A 的任意一个子集 $B\subseteq A$ 都可以称为是一个属性。如果 B 中只含有一个元素，则 B 是一个初等属性(primitive)，否则 B 是一个复合属性(compound)。属性 B 可以看做是关系 $IND(B)$的一个简称，或是看做由 $IND(B)$所确定的知识的简称。

例 6.1 计算器的数字显示图案是由七个部分组成，如图 6-1 所示。

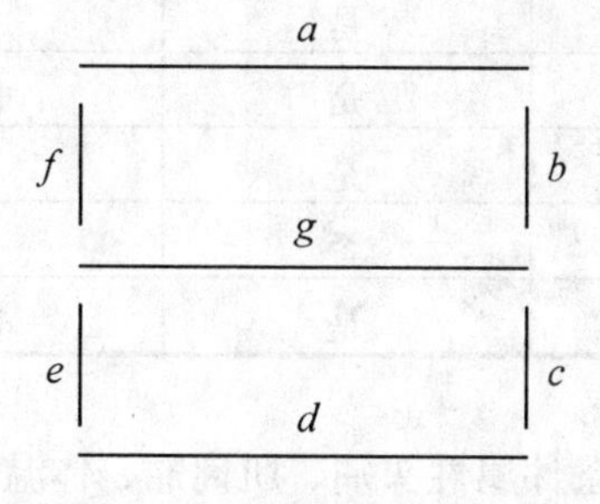

图 6-1 计算器数字显示图案

数字 0～9 可通过图 6-1 中不同部分的组合来进行表示，所有的数字结构就构成了下面的这个知识表达系统。

表 6-1 计算器数字结构的知识表达系统

U \ A	a	b	c	d	e	f	g
0	1	1	1	1	1	1	0
1	0	1	1	0	0	0	0
2	1	1	0	1	1	0	1
3	1	1	1	1	0	0	1
4	0	1	1	0	0	1	1
5	1	0	1	1	0	1	1
6	1	0	1	1	1	1	1
7	1	1	1	0	0	0	0
8	1	1	1	1	1	1	1
9	1	1	1	1	0	1	1

从表 6-1 中可以看出，该知识表达系统的论域为 $U=\{0, 1, 2, 3, 4, 5, 6, 7, 8, 9\}$，属性集合为 $A=\{a, b, c, d, e, f, g\}$，任意属性的值域都为$\{0, 1\}$，其中 0 表示对应的图案部分处于不发光状态，1 则表示该部分发光。对于 U 中的任意一个数字，我们能从表中很快得到一个与之对应的属性子集，如数字 7 对应的属性子集为 $B_7=\{a, b, c\}$，每个数字对应的属性子集都不相同。

根据属性集中是否含有决策属性，知识表达系统通常被分为信息系统(*IS*)和决策系统(*DS*)两类，前者是指不含有决策属性的知识表达系统，而后者则是含有决策属性的知识表达系统。表 6-2 就是一个含有决策属性的知识表达系统。

表 6-2 流感诊断决策系统

论域 \ 属性	条件属性			决策属性
	头痛(a_1)	肌肉痛(a_2)	体温(a_3)	感冒
x_1	是	是	正常	否
x_2	是	是	高	是
x_3	是	是	非常高	是
x_4	否	是	正常	否
x_5	否	否	高	否
x_6	否	是	非常高	是

在表 6-2 中，A 中有三个条件属性头痛、肌肉痛、体温和一个决策属性感冒，即 $A=\{a_1, a_2, a_3, d\}$，各属性的值域分别为 $V_{a_1}=\{是, 否\}$，$V_{a_2}=\{是, 否\}$，$V_{a_3}=\{正常, 高, 非常高\}$，$V_d=\{是, 否\}$。对于任意一个属性 $a\in A$，a 确定了如下一个等价关系 R_a 为

$$R_a=\{(x, y)\in U\times U: a(x)=a(y)\} \tag{6-3}$$

类似地，对于 A 的任意一个子集 $B\subseteq A$，B 确定了一个不可分辨关系 R_B 为

$$R_B=\{(x, y) \in U\times U: \forall a\in B, a(x)=a(y)\} \tag{6-4}$$

显然，当 $B = \{a\}$只含有一个属性时，$R_a = R_B$；当 $B = \{a_1, a_2, \cdots, a_m\}$含有多个属性时有

$$R_B = \bigcap_{i=1}^{m} R_{a_i} \tag{6-5}$$

对于一个决策系统 DS，根据其属性集中的条件属性所确定的分类是否与决策属性确定的分类保持一致，而将决策系统分为相容的决策系统和不相容的决策系统。如在表 6-2 中，令 $C = A - \{d\}$，如果 $R_C \subseteq R_d$，那么 DS 是一个相容的决策系统，否则 DS 是一个不相容的决策系统。在这里，由于一个等价关系和其对应的划分之间具有一一对应的关系，所以我们用 R_C 和 R_d 分别表示由它们确定的划分知识。$R_C \subseteq R_d$ 表示对于任意一个 R_C 中的等价类都存在 R_d 中的一个等价类包含它。

6.2.2 属性约简

在现实生活的许多应用中，信息系统或者决策系统的规模通常都非常庞大，不仅数据记录条数多，而且数据纬度(属性数目)也很大，这为处理这些数据带来困难和挑战。然而，通过大量研究发现，在这些海量知识表达系统中往往存在很多冗余的属性信息，即从知识表达系统中去掉这些属性，并不会影响系统的分类能力。属性的约简就是针对这一实际问题提出的一种解决方法，下面将介绍与之相关的一些基本知识。

6.2.2.1 信息系统中属性的约简与核

信息系统是不含有决策属性的知识表达系统，我们通常将其所有条件属性确定的知识作为它的分类能力，在保持这种分类能力不变的前提下，去除那些多余的属性，实现对该知识表达系统的属性约简。

定义 6.2 (约简、核)　给定一个信息系统 $IS = (U, A)$，$a \in A$ 是 A 中的一个属性，$B \subseteq A$ 是 A 的一个属性子集，则有下面的一些定义：

（1）如果 $R_A = R_{A-\{a\}}$，那么我们说 a 是 A 中的一个不必要属性；否则，我们说 a 是 A 中的一个必要属性；

（2）如果 A 中所有的属性都是必要属性，那么我们说 A 是独立的；

（3）如果 B 是独立的且 $R_B = R_A$，那么称 B 是 A 的一个约简，记为 $B \in Red(A)$，其中 $Red(A)$表示 A 的所有约简组成的集合；

（4）A 中所有必要属性组成的集合称为 A 的核，记为 $Core(A)$。

从上述定义我们可以得到以下定理是成立的。

定理 6.1　如果 A 是独立的，$\forall B \subseteq A$，则 B 也是独立的。

定理 6.2　$Core(A) = \cap Red(A)$。

例 6.2　在表 6-2 中，令 $C = \{a_1, a_2, a_3\}$，则(U, C)是一个信息系统。根据式(6-3)和式(6-4)可得

$$R_{a_1} = \{(x_1, x_2), (x_1, x_3), (x_2, x_3), (x_3, x_2), (x_3, x_1), (x_2, x_1), (x_1, x_1), (x_2, x_2), (x_3, x_3), (x_4, x_5), (x_4, x_6), (x_5, x_6), (x_6, x_5), (x_6, x_4), (x_5, x_4), (x_4, x_4), (x_5, x_5), (x_6, x_6)\}$$

$$R_{a_2}=\{(x_1,x_2),(x_1,x_3),(x_1,x_4),(x_1,x_6),(x_2,x_3),(x_2,x_4),(x_2,x_6),(x_3,x_4),(x_3,x_6),(x_4,x_6),(x_6,x_4),(x_6,x_3),(x_6,x_3),(x_6,x_1),(x_4,x_3),(x_4,x_2),(x_4,x_1),(x_3,x_2),(x_3,x_1),(x_2,x_1),(x_1,x_1),(x_2,x_2),(x_3,x_3),(x_4,x_4),(x_6,x_6),(x_5,x_5)\}$$

$$R_{a_3}=\{(x_1,x_4),(x_4,x_1),(x_1,x_1),(x_4,x_4),(x_2,x_5),(x_5,x_2),(x_2,x_2),(x_5,x_5),(x_3,x_6),(x_6,x_3),(x_3,x_3),(x_6,x_6)\}$$

$$R_C=\{(x_1,x_1),(x_2,x_2),(x_3,x_3),(x_4,x_4),(x_5,x_5),(x_6,x_6)\}$$

再由式(6-5)可得 $R_{C-\{a_1\}}\neq R_C$，所以 a_1 是 C 中的必要属性。$R_{C-\{a_2\}}=R_C$，所以 a_2 是 C 中的不必要属性。$R_{C-\{a_3\}}\neq R_C$，所以 a_3 是 C 中的必要属性。即 $Core(C)=\{a_1,a_3\}$。从而根据约简的定义可知 $\{a_1,a_3\}$ 是 C 的约简，而且是唯一的一个约简，即 $Red(C)=\{\{a_1,a_3\}\}$。

6.2.2.2　决策系统中属性的相对约简与相对核

决策系统是含有决策属性的知识表达系统，我们通常认为一个决策系统包含两种知识，一种是由所有条件属性确定的知识，另一种则是由决策属性确定的知识。对一个决策系统进行属性约简，指的是对其条件属性中存在的冗余属性进行去除，而判断一个条件属性是否冗余，则是根据两种知识确定的相对正域是否发生变化来确定。因此，在决策系统中，条件属性的约简被称为相对约简，而条件属性的核被称为相对核。

对于一个知识表达系统 $KRS=(U,A)$，$B,C\subseteq A$ 是 A 的任意两个属性子集，则知识 B 关于知识 C 的相对正域为

$$Pos_B(C)=\bigcup_{X\in U/B}\underline{C}(X) \tag{6-6}$$

式中，$\underline{C}(X)$表示 X 关于知识 C 的下近似。

定义 6.3 (相对约简、相对核)　给定一个决策系统 $DS=(U,C\cup\{d\})$，其中 C 是 DS 中的条件属性集合，d 为 DS 中的决策属性，$a\in C$ 是 C 中的一个属性，$B\subseteq C$ 是 C 的一个属性子集，则有下面的一些定义：

（1）如果 $Pos_C(d)=Pos_{C-\{a\}}(d)$，那么我们说 a 是 C 中的一个 d-不必要属性；否则，我们说 a 是 C 中的一个 d-必要属性；

（2）如果 C 中所有的属性都是 C 中的 d-必要属性，那么我们说 C 是 d-独立的；

（3）如果 B 是 d-独立的且 $Pos_B(d)=Pos_C(d)$，那么称 B 是 C 相对于 d 的一个约简，简称为 C 的 d-约简，记为 $B\ Red_d(C)$，其中，$Red_d(C)$表示 C 的所有 d-约简；

（4）C 中所有 d-必要属性组成的集合称为 C 的相对 d 核，简称为 C 的 d-核，记为 $Core_d(C)$。

定理 6.3　$Core_d(C)=\cap Red_d(C)$。

例 6.3 (续例 6.2)　根据表 6-2 中的数据，求 $Red_d(C)$和 $Core_d(C)$。

从例 6.2 中可知，$U/C=\{\{x_1\},\{x_2\},\{x_3\},\{x_4\},\{x_5\},\{x_6\}\}$，$U/d=\{\{x_1,x_4,x_5\},\{x_2,x_3,x_6\}\}$，从而 $Pos_C(d)=\{x_1,x_2,x_3,x_4,x_5,x_6\}$。同理可得

$$U/C-\{a_1\}=\{\{x_1,x_4\},\{x_3,x_6\},\{x_2\},\{x_5\}\},\quad Pos_{C-\{a_1\}}(d)=Pos_C(d)$$

所以 a_1 是 C 中的一个 d-不必要属性。

$$U/C-\{a_2\}=\{\{x_1\},\{x_2\},\{x_3\},\{x_4\},\{x_5\},\{x_6\}\},\quad Pos_{C-\{a_2\}}(d)=Pos_C(d)$$

所以 a_2 是 C 中的一个 d-不必要属性。

$$U/C-\{a_3\}=\{\{x_1,x_2,x_3\},\{x_4,x_6\},\{x_5\}\},\ Pos_{C-\{a_2\}}(d)=\{x_5\}\neq Pos_C(d)$$

所以 a_3 是 C 中的一个 d-必要属性。

类似可得

$$Pos_{\{a_1\}}(d)\neq Pos_C(d),\ Pos_{\{a_2\}}(d)\neq Pos_C(d),\ Pos_{\{a_3\}}(d)\neq Pos_C(d)$$

所以 $C-\{a_1\}$ 和 $C-\{a_2\}$ 都是独立的。从而 $Red_d(C)=\{\{a_1,a_3\},\{a_2,a_3\}\}$，$Core_d(C)=\{a_3\}$。也就是说表 6-2 所蕴涵的知识与下面两个表蕴涵的知识相同。

表 6-3　流感诊断决策系统的一个约简(一)

属性 / 论域	条件属性		决策属性
	头痛(a_1)	体温(a_3)	感冒
x_1	是	正常	否
x_2	是	高	是
x_3	是	非常高	是
x_4	否	正常	否
x_5	否	高	否
x_6	否	非常高	是

表 6-4　流感诊断决策系统的一个约简(二)

属性 / 论域	条件属性		决策属性
	肌肉痛(a_2)	体温(a_3)	感冒
x_1	是	正常	否
x_2	是	高	是
x_3	是	非常高	是
x_4	是	正常	否
x_5	否	高	否
x_6	是	非常高	是

6.2.3　属性值约简

对一个知识表达系统进行属性约简后，虽然去除了冗余的属性，但仍然存在一些冗余信息，这就是所谓的知识范畴的冗余，即：存在知识表达系统中的一些数据记录，它们在某些属性上的取值是可以忽略的。如何去除这些冗余的属性值，就是属性值约简问题。下面我们针对信息系统和决策系统来分别介绍属性值的约简与核以及属性值的相对约简与相对核。

6.2.3.1　属性值的约简与核

在一个信息系统 $IS=(U,A)$中，论域 U中的任意对象 u 和 A 中的任意属性 a 对应着 U 的一个子集 u_a，即

$$u_a=\{x\in U:a(x)=a(u)\} \tag{6-7}$$

从上式中我们可以看出，u_a表示 U 中与对象 u 在属性 a 上取相同值的所有对象组成的集合，那么 u 在 A 中所有属性上对应的 u_a 就形成了一个 u 在 U 上关于 A 的集族，即

$$u_A = \{u_a : a \in A\} \tag{6-8}$$

于是，我们对于这个集族给出如下的属性值的约简与核的相关定义。

定义 6.4 (属性值的约简、核) 给定一个信息系统 $IS = (U, A)$，$u \in U$ 是 U 中的一个对象，$a \in A$ 是 A 中的一个属性，$B \subseteq A$ 是 A 的一个属性子集，则有下面的一些定义：

（1）如果$\cap u_{A-\{a\}} = \cap u_A$，则称 u_a 在 u_A 中是不必要的，否则称 u_a 在 u_A 中是必要的；

（2）如果 u_A 中所有的 u_a 在 u_A 中都是必要的，那么我们说 u_A 是独立的，否则称 u_A 是不独立的；

（3）如果 u_B 是独立的且$\cap u_B = \cap u_A$，则称 u_B 是 u_A 的一个约简，记为 $u_B \in \widehat{Red}(u_A)$，其中，$\widehat{Red}(u_A)$表示 u_A 的所有约简的集合；

（4）u_A 中所有必要的 u_a 组成的集合称为 u_A 的核，记为 $\widehat{Core}(u_A)$。

定理 6.4 $\cap \widehat{Red}(u_A) = \widehat{Core}(u_A)$。

这个定理表明属性值的相对约简与相对核之间也存在类似属性的相对约简与相对核之间的关系。

一般来说，对一个信息系统进行去除冗余数据时，我们先对其进行属性约简，然后再对其进行属性值约简，这样不仅易于理解，而且效率也比按照相反顺序进行约简的效率高。

6.2.3.2 属性值的相对约简与相对核

在决策系统 $DS = (U, A)$中，属性值约简是根据对象在 U 上关于条件属性的子集族相对于它在 U 上关于决策属性的子集之间的关系来进行的。因此，此时讨论的属性值的约简和核都是指的属性值的相对约简和相对核。令 $A = C \cup \{d\}$，其中，C 是 A 中所有条件属性的集合，d 是决策属性，则对于 U 上的一个元素 u，它在 U 上关于 d 的子集为

$$u_d = \{x \in U : d(x) = d(u)\} \tag{6-9}$$

基于此，我们给出如下的属性值的相对约简与相对核的相关定义。

定义 6.5 (属性值的相对约简、相对核) 给定一个决策系统 $DS = (U, A)$，$u \in U$ 是 U 中的一个对象，$A = C \cup \{d\}$，其中，C 是 A 中所有条件属性的集合，d 是决策属性，且$\cap u_C \subseteq u_d$，$a \in C$ 是 C 中的一个属性，$B \subseteq C$ 是 C 的一个属性子集，则有下面的一些定义：

（1）如果$\cap u_{C-\{a\}} \subseteq u_d$，则称 u_a 在 u_C 中相对于 u_d 是不必要的，否则称 u_a 在 u_C 中相对于 u_d 是必要的；

（2）如果 u_C 中所有的 u_a 在 u_C 中相对于 u_d 都是必要的，那么我们说 u_C 相对于 u_d 是独立的，否则称 u_C 相对于 u_d 是不独立的；

（3）如果 u_B 相对于 u_d 是独立的且$\cap u_B \subseteq u_d$，则称 u_B 是 u_C 相对于 u_d 的一个约简，简称为 u_C 的一个 d-约简，记为 $u_B \in \widehat{Red}_d(u_C)$，其中，$\widehat{Red}_d(u_C)$表示 u_C 的所有 d-约简的集合；

(4)u_C 中所有相对于 u_d 必要的 u_a 组成的集合称为 u_C 相对于 u_d 的核，记为 $\widehat{Core}_d(u_C)$。

定理 6.5 $\cap\widehat{Red}_d(u_C)=\widehat{Core}_d(u_C)$。

例 6.4 在例 6.3 中，我们得到了表 6-2 中的决策系统 $DS=(U, A)$的两个约简$\{a_1, a_3\}$和$\{a_2, a_3\}$，从而使得表 6-3 和表 6-4 所蕴涵的知识与表 6-2 相同。在此基础上，我们根据定义 6.5 来对表 6-3 和表 6-4 中的数据进行属性值的约简。

在表 6-3 中，令 $B=\{a_1, a_3\}$，对 x_1 来说，$\cap x_{1B}=x_{1a_1}\cap x_{1a_3}=\{x_1, x_2, x_3\}\cap\{x_1, x_4\}=\{x_1\}$，$x_{1d}=\{x_1, x_4, x_5\}$，所以$\cap x_{1B}\subseteq x_{1d}$。因为 $x_{1a_3}=\{x_1, x_4\}\subseteq x_{1d}$，所以 x_{1a_1} 在 x_{1B} 中相对于 x_{1d} 是不必要的。根据定义 6.5 可知，$B-\{a_1\}$是 x_{1B} 的一个 d-约简，即 $x_{1a_3}\in\widehat{Red}_d(x_{1B})$。

用同样的方法，我们可以得到表 6-3 中所有的冗余属性值。如果将冗余的属性值用“–”表示，则我们可以得到表 6-5。

表 6-5 流感诊断决策系统属性值约简(一)

属性 / 论域	条件属性		决策属性
	头痛(a_1)	体温(a_3)	感冒
x_1	–	正常	否
x_2	是	高	是
x_3	–	非常高	是
x_4	–	正常	否
x_5	否	高	否
x_6	–	非常高	是

类似地，我们可以得到由表 6-4 经过属性值约简后的结果，如表 6-6 所示。

表 6-6 流感诊断决策系统属性值约简(二)

属性 / 论域	条件属性		决策属性
	肌肉痛(a_2)	体温(a_3)	感冒
x_1	–	正常	否
x_2	是	高	是
x_3	–	非常高	是
x_4	–	正常	否
x_5	否	–	否
x_6	–	非常高	是

从表 6-5 和表 6-6 中我们可以看出，对一个决策系统进行了属性约简之后，依然在剩余的数据中存在很多冗余的信息，这些信息不仅会占用存储空间，而且也会对数据的处理效率产生负面影响。因此，对决策系统来说，我们除了需要对其进行属性的约简之外，还有必要对其进行属性值的约简。

6.3 拟阵近似空间

在粗糙集中，论域 U 和 U 上的一个等价关系 R 可以构成一个近似空间(U, R)。在例6.2 中我们可以发现，表 6-2 中的决策系统中的每个条件属性或者是条件属性的子集都对应着一个等价关系，从而我们就可以将表 6-2 中的决策系统表示成若干个近似空间。如在例 6.2 中，我们可以得到 $S_1 = (U, R_{a_1})$，$S_2 = (U, R_{a_2})$，$S_3 = (U, R_{a_3})$，$S_4 = (U, R_C)$四个近似空间。这一过程可以简单地描述为

P1：知识表达系统 → 等价关系 → 近似空间

也就是说，我们可以将一个知识表达系统先转换为若干个等价关系，然后得到相应的一些近似空间。下面我们用类似的方式来讨论知识表达系统和拟阵之间的关系。

6.3.1 拟阵近似空间

拟阵的每个极小圈都是它的一个最小相关集，而一个极小圈的任意真子集都是一个独立集。为了在拟阵和知识表达系统之间建立起联系，我们需要描述出知识表达系统中对象之间所谓的独立性和相关性，得到拟阵中的独立集和相关集，从而在拟阵环境中来表示和处理知识表达系统。

令 $KRS = (U, A)$是一个知识表达系统。对于 U 中的任意对象 $x \in U$，我们认为 x 和其自身之间是独立的，即将$\{x\}$看做是一个独立集。对于 A 中任意属性 $a \in A$ 和 U 中两个不同的对象 $x, y \in U$，如果 $a(x) = a(y)$，那么我们认为 x 和 y 是相关的且$\{x, y\}$是一个相关集。由此，对于 A 中的任意属性 $a \in A$，可以得到 U 上的一族相关集

$$\mathcal{C}_a = \{\{x, y\} \subseteq U : x \neq y \wedge a(x)=a(y)\} \tag{6-10}$$

类似地，对于 A 的任意一个子集 $B \subseteq A$，可以得到

$$\mathcal{C}_B = \{\{x, y\} \subseteq U : x \neq y \wedge (\forall a \in B,\ a(x)=a(y))\} \tag{6-11}$$

在拟阵论中，有如下一个关于极小圈的定理。

定理 6.6[193] 设 E 是一个非空有限集，$\mathcal{C} \subseteq 2^E$。如果$\mathcal{C}$满足定理 5.1 中的(C1) ~ (C3)，那么在 E 上一定存在一个拟阵 M 使得$\mathcal{C} = \mathcal{C}(M)$。

对$\mathcal{C}_a$和$\mathcal{C}_B$进行分析研究后，我们发现它们恰好满足定理 5.1 中的三个极小圈公理(C1) ~ (C3)。于是，得到如下命题。

命题 6.1 设 $KRS = (U, A)$是一个知识表达系统，$B \subseteq A$。如果$\mathcal{C}_B = \{\{x, y\} \subseteq U : x \neq y \wedge (\forall a \in B, a(x) = a(y))\}$，那么一定存在 U 上的一个拟阵 M 使得$\mathcal{C}(M) = \mathcal{C}_B$。

证明：根据定理 6.6，我们需要证明$\mathcal{C}_B$满足公理(C1) ~ (C3)。容易发现，$\mathcal{C}_B$满足公理(C1)和(C2)。下面我们来证明$\mathcal{C}_B$满足公理(C3)。

令 $C_1, C_2 \in \mathcal{C}_B$。如果 $C_1 \neq C_2$ 且 $C_1 \cap C_2 \neq \varnothing$，那么$|C_1 \cap C_2| = 1$，即$\exists e \in U$ 使得 $e \in C_1$ 且 $e \in C_2$。假设 $C_1 = \{x, e\}$，$C_2 = \{y, e\}$，其中 $x, y \in U$。根据公式$\mathcal{C}_B$的定义可知，$\forall a \in B$，

$a(x) = a(e) = a(y)$。因此，$\{x, y\} \in \mathcal{C}_B$，即$\mathcal{C}_B$满足公理(C3)。综上所述，$\mathcal{C}_B$满足公理(C1) ~ (C3)，再由定理 6.6 可得，一定存在 U 上的一个拟阵 M 使得$\mathcal{C}(M) = \mathcal{C}_B$。证毕。

从$\mathcal{C}_B$的定义式中可以发现，对于每个 $C \in \mathcal{C}_B$，C 的基数都等于 2，即$|C| = 2$。于是，得到如下推论。

推论 6.1 $\forall C \in \mathcal{C}_B$，$|C| = 2$。

根据$\mathcal{C}_B$中极小圈的这一特点，我们提出了二元圈的概念。

定义 6.6 (二元圈) 设 U 是一个非空有限集，$\mathcal{C} \subseteq 2^U$ 且$\forall C \in \mathcal{C}$都有$|C| = 2$。如果$\mathcal{C}$满足公理(C1) ~ (C3)，则称$\mathcal{C}$是一个二元圈。

例 6.5 在表 6-2 中，根据$\mathcal{C}_B$的定义我们可以得到如下一些二元圈：

$\mathcal{C}_{a_1} = \{\{x_1, x_2\}, \{x_1, x_3\}, \{x_2, x_3\}, \{x_4, x_5\}, \{x_4, x_6\}, \{x_5, x_6\}\}$

$\mathcal{C}_{a_2} = \{\{x_1, x_2\}, \{x_1, x_3\}, \{x_1, x_4\}, \{x_1, x_6\}, \{x_2, x_3\}, \{x_2, x_4\}, \{x_2, x_6\}, \{x_3, x_4\}, \{x_3, x_6\}, \{x_4, x_6\}\}$

$\mathcal{C}_{a_3} = \{\{x_1, x_4\}, \{x_2, x_5\}, \{x_3, x_6\}\}$

如果令 $A = \{a_1, a_2, a_3\}$，$B = \{a_1, a_2\}$，那么我们可以得到

$\mathcal{C}_A = \varnothing = \mathcal{C}_{a_1} \cap \mathcal{C}_{a_2} \cap \mathcal{C}_{a_3}$，$\mathcal{C}_B = \{\{x_1, x_2\}, \{x_1, x_3\}, \{x_2, x_3\}, \{x_4, x_6\}\} = \mathcal{C}_{a_1} \cap \mathcal{C}_{a_2}$

从上例中，我们容易得到式(6-10) 中的$\mathcal{C}_a$和式(6-11)中的$\mathcal{C}_B$之间的关系

$$\mathcal{C}_B = \cap\{\mathcal{C}_a : a \in B\} \tag{6-12}$$

基于二元圈的定义以及上述的这些结果，我们给出拟阵近似空间的概念。

定义 6.7 (拟阵近似空间) 拟阵近似空间是一个序对 $MAS = (U, M)$，其中 U 是一个非空有限集，M 是一个拟阵且$\mathcal{C}(M)$是一个二元圈。

在例 6.5 中，若令$\mathcal{C}(M_{a_1}) = \mathcal{C}_{a_1}$，$\mathcal{C}(M_{a_2}) = \mathcal{C}_{a_2}$，$\mathcal{C}(M_{a_3}) = \mathcal{C}_{a_3}$，$\mathcal{C}(M_A) = \mathcal{C}_A$，$\mathcal{C}(M_B) = \mathcal{C}_B$，其中 M_{a_1}、M_{a_2}、M_{a_3}、M_A 和 M_B 分别是 U 上的拟阵，则(U, M_{a_1})，(U, M_{a_2})，(U, M_{a_3})，(U, M_A)和(U, M_B)是 5 个不同的拟阵近似空间。与上述的 **P1** 不同的是，这里我们将知识表达系统首先转换成了一些二元圈，然后再进一步得到相应的一些拟阵近似空间。这个过程可以简单地描述为

P2：知识表达系统 → 二元圈 → 拟阵近似空间

这一过程表明，我们对一个知识表达系统可以直接用拟阵的方式来进行表示和处理。

6.3.2 拟阵近似空间下的粗糙近似算子

在粗糙集中，目标集合的上、下近似是在近似空间中建立起来的，本小节将在拟阵近似空间中来刻画这两个近似算子。

在例 6.2 中，任意属性 $a \in C = \{a_1, a_2, a_3\}$能够产生对应的一个等价关系 R_a，从而可以得到论域 U 上的一个划分 U/R_a，对于 U 中的任意元素 $x \in U$，它在 U/R_a 所属的等价类可以描述为

$$[x]_{R_a} = \{x' \in U : (x, x') \in R_a\} \tag{6-13}$$

如对于属性 a_1 和对象 x_1 来说，$[x_1]_{R_{a_1}}=\{x_1, x_2, x_3\}$。那么在一个拟阵近似空间中，我们又该如何描述对象所属的等价类呢？

根据式(6-10)，在表 6-2 中，$\forall a\in A$，我们可以得到 U 上的一个子集族$\mathcal{C}_a$，且$\mathcal{C}_a$是一个二元圈。我们知道，$\forall y\in U$，如果 $y\in[x]_{R_a}$，那么 $a(x)=a(y)$。若令 M_a 表示一个拟阵且$\mathcal{C}(M_a)=\mathcal{C}_a$，那么$\forall x\in U$ 和$\forall a\in A$，可以得到由拟阵近似空间(U, M_a)导出的 x 关于 a 的等价类为

$$[x]_{M_a}=\{x\}\cup(\cup\{C\in\mathcal{C}_a: y\in C\}) \tag{6-14}$$

类似地，对于 A 的任意一个子集 $B\subseteq A$，可以得到由拟阵近似空间(U, M_B)导出的 x 关于 B 的等价类为

$$[x]_{M_B}=\{x\}\cup(\cup\{C\in\mathcal{C}_B: y\in C\}) \tag{6-15}$$

例 6.6　在表 6-2 中，对于属性 $a_1\in A$，根据式(6-10)可得

$$\mathcal{C}_{a_1}=\{\{x_1, x_2\}, \{x_1, x_3\}, \{x_2, x_3\}, \{x_4, x_5\}, \{x_4, x_6\}, \{x_5, x_6\}\}$$

从而再由式(6-14)可得

$$[x_1]_{M_{a_1}}=[x_2]_{M_{a_1}}=[x_3]_{M_{a_1}}=\{x_1, x_2, x_3\}，[x_4]_{M_{a_1}}=[x_5]_{M_{a_1}}=[x_6]_{M_{a_1}}=\{x_4, x_5, x_6\}$$

若令 $B=\{a_1, a_2\}$，那么$\mathcal{C}_B=\{\{x_1, x_2\}, \{x_1, x_3\}, \{x_2, x_3\}, \{x_4, x_6\}\}$，从而可得

$$[x_1]_{M_B}=[x_2]_{M_B}=[x_3]_{M_B}=\{x_1, x_2, x_3\}，[x_4]_{M_B}=[x_6]_{M_B}=\{x_4, x_6\}，[x_5]_{M_B}=\{x_5\}$$

从上述例子我们可以发现，$U/R_{a_1}=\{\{x_1, x_2, x_3\}, \{x_4, x_5, x_6\}\}=\{[x_1]_{M_{a_1}}, [x_4]_{M_{a_1}}\}$，$U/R_B=\{\{x_1, x_2, x_3\}, \{x_4, x_6\}, \{x_5\}\}=\{[x_1]_{M_B}, [x_4]_{M_B}, [x_5]_{M_B}\}$。于是得到下面的命题。

命题 6.2　设 $KRS=(U, A)$是一个知识表达系统，$B\subseteq A$，(U, M_B)是一个拟阵近似空间，其中$\mathcal{C}(M_B)=\mathcal{C}(B)$。$\forall x\in U$，$[x]_{M_B}=[x]_{R_B}$。

下面我们定义拟阵近似空间下的粗糙集上、下近似运算。

定义 6.8　设(U, M)是一个拟阵近似空间，$X\subseteq U$。定义 X 在(U, M)中的下、上近似分别为

$$\underline{M}(X)=\cup\{[x]_M: x\in U\wedge[x]_M\subseteq X\}$$
$$\overline{M}(X)=\cup\{[x]_M: x\in U\wedge[x]_M\cap X\neq\varnothing\}$$

式中，$[x]_M=\{x\}\cup(\cup\{C\in\mathcal{C}(M): x\in C\})$。

当然，我们也可以将$\underline{M}(X)$和$\overline{M}(X)$等价地表示为

$$\underline{M}(X)=\{x\in U: [x]_M\subseteq X\} \tag{6-16}$$
$$\overline{M}(X)=\{x\in U: [x]_M\cap X\neq\varnothing\} \tag{6-17}$$

在例 6.6 中，设(U, M)是个拟阵近似空间且$\mathcal{C}(M)=\mathcal{C}_B$，则对于 U 的一个子集 $X=\{x_1, x_2, x_3, x_4\}$，根据定义 6.8 可得：$\underline{M}(X)=\{x_1, x_2, x_3\}$，$\overline{M}(X)=\{x_1, x_2, x_3, x_4, x_6\}$。

6.4 拟阵近似空间下的属性约简

从前面的介绍中我们知道，针对不同的知识表达系统，属性约简的方法是有所区别的。对信息系统来说，属性约简是要保证约简与原系统的分类能力保持不变。而对于决策系统而言，属性约简则是要保持条件属性的约简确定的知识相对于决策属性确定的知识的相对正域不变。本节将基于拟阵近似空间来讨论这两种知识表达系统的属性约简问题。

为了方便讨论，在本节的后续内容中我们令 U 表示一个论域，A 是 U 上的一个非空属性集，对于 A 的任意子集 B，R_B 表示由属性子集 B 确定的等价关系，$\mathcal{C}_B$ 表示由 B 根据式(6-11)确定的 U 上的一个子集族。

6.4.1 基于拟阵的信息系统属性约简

给定一个信息系统 $IS=(U, A)$。根据式(6-11)我们知道，对于 A 的任意一个子集 $B \subseteq A$ 以及 U 中任意两个不同对象 x 和 y，如果 $\{x, y\} \in \mathcal{C}_B$，那么 $y \in R_B$ 且 $x \in R_B$。此外，如果 $a \in B$ 是 B 中不必要的属性，即：$R_B=R_{B-\{a\}}$，那么 $\{x, y\} \in \mathcal{C}_{B-\{a\}}$。也就是说，如果 $\mathcal{C}_B=\mathcal{C}_{B-\{a\}}$，那么 a 是 B 中不必要的；否则，a 是 B 中必要的。由此，可以得到下面的命题。

命题 6.3 设(U, M_A)是一个拟阵近似空间，$\mathcal{C}(M_A)=\mathcal{C}_A$。$\forall a \in A$，$\mathcal{C}_A=\mathcal{C}_{A-\{a\}}$当且仅当 a 是 A 中一个不必要属性。

证明：根据定义 6.2，需要证明$\forall a \in A$，$\mathcal{C}_A=\mathcal{C}_{A-\{a\}}$当且仅当 $R_A=R_{A-\{a\}}$。

$$\begin{aligned}
&\mathcal{C}_A=\mathcal{C}_{A-\{a\}}\\
&\Leftrightarrow \forall C \in \mathcal{C}_A，C \in \mathcal{C}_{A-\{a\}}\text{且}\forall C' \in \mathcal{C}_{A-\{a\}}，C' \in \mathcal{C}_A\\
&\Leftrightarrow \forall x \in U，[x]_{M_A}=[x]_{M_{A-\{a\}}}\\
&\Leftrightarrow \forall x \in U，[x]_{R_A}=[x]_{R_{A-\{a\}}}\\
&\Leftrightarrow R_A=R_{A-\{a\}}
\end{aligned}$$

因此，$\mathcal{C}_A=\mathcal{C}_{A-\{a\}}$当且仅当 a 是 A 中一个不必要属性。证毕。

类似地，我们可以得到下面的命题。

命题 6.4 设(U, M)是一个拟阵近似空间，$\mathcal{C}(M_A)=\mathcal{C}_A$。$\forall a \in A$，$\mathcal{C}_A \neq \mathcal{C}_{A-\{a\}}$当且仅当 a 是 A 中一个必要属性。

命题 6.3 和命题 6.4 用拟阵分别对必要属性和不必要属性进行了刻画，从而对用拟阵的方式实现信息系统的属性约简奠定了基础。根据这两个命题，可以得到下面两个推论。

推论 6.2 $\forall a \in A$，$\mathcal{C}_A \neq \mathcal{C}_{A-\{a\}}$当且仅当 A 是独立的。

推论 6.3 $Core(A)=\{a \in A: \mathcal{C}_A \neq \mathcal{C}_{A-\{a\}}\}$。

基于上述两个命题和两个推论，我们可以得到下面的定理。

定理 6.7 设(U, M)是一个拟阵近似空间，$\mathcal{C}(M)=\mathcal{C}_A$，$B \subseteq A$ 是一个非空属性子集。B

是独立的且$\mathcal{C}_B = \mathcal{C}_A$当且仅当$B$是$A$的一个约简。

上述定理表明，对于一个信息系统，我们可以直接用拟阵的方式来获得它的一个属性约简。下面通过一个例子来加深对这个定理的理解。

例 6.7　在表 6-2 中，若令$A = \{a_1, a_2, a_3\}$，$B = \{a_1, a_2\}$，则$\mathcal{C}_B = \mathcal{C}_{a_1} \cap \mathcal{C}_{a_2} = \{\{x_1, x_2\}, \{x_1, x_3\}, \{x_2, x_3\}, \{x_4, x_6\}\} \neq \varnothing = \mathcal{C}_A$。因此，$a_3$是$A$中的一个必要属性。类似地，$a_1$也是$A$中一个必要属性，而$a_2$则是$A$中的一个不必要属性。从而，$\{a_1, a_3\}$是独立的。又因为$\mathcal{C}_A = \mathcal{C}_{a_1} \cap \mathcal{C}_{a_3}$，根据定理 6.7，$\{a_1, a_3\}$是$A$的一个约简。再由推论 6.3 可知，$\{a_1, a_3\}$也是$A$的核，即$Core(A) = \{\{a_1, a_3\}\}$。

6.4.2　基于拟阵的决策系统属性约简

对于决策系统进行属性约简时，首先根据它的条件属性和决策属性分别建立两个拟阵近似空间，然后再通过它们对应拟阵的一些主要特征之间的关系来研究属性相对约简问题。为了方便讨论，对于一个决策系统$DS = (U, A)$，令$A = C \cup \{d\}$，其中，C表示A中所有条件属性的集合，d则表示A中的决策属性，(U, M_C)和(U, M_d)是两个拟阵近似空间且$\mathcal{C}(M_C) = \mathcal{C}_C$，$\mathcal{C}(M_d) = \mathcal{C}_d$。

命题 6.5　如果$\mathcal{C}_C \subseteq \mathcal{C}_d$，那么$DS$是一个相容决策系统；否则，$DS$是一个不相容的决策系统。

根据式(6-11)，如果DS中没有重复数据记录的相容决策表，则它满足下面的性质

$$\mathcal{C}_C = \varnothing \tag{6-18}$$

因此，在对一个决策系统DS去除重复数据记录后，可以通过式(6-18)来判断这个DS是否是一个相容决策系统。

命题 6.6　设$DS = (U, A)$是一个决策系统，$a \in C$是一个条件属性。$\cup(\mathcal{C}_{C-\{a\}} - \mathcal{C}_d) = \cup(\mathcal{C}_C - \mathcal{C}_d)$当且仅当$a$在$C$中是一个$d$-不必要属性。

证明：对于一个决策系统，我们需要分两种情况来证明，即相容决策系统和不相容决策系统。

$(\Rightarrow)$:（1）DS是一个相容决策系统。根据命题 6.5，$\mathcal{C}_C \subseteq \mathcal{C}_d$且$\mathcal{C}_C - \mathcal{C}_d = \varnothing$。由式(6-14)和式(6-15)，$\forall x \in U$，$[x]_{M_C} \subseteq [x]_{M_d}$。$\forall a \in C$，如果$\mathcal{C}_{C-\{a\}} - \mathcal{C}_d = \varnothing$，那么$\mathcal{C}_{C-\{a\}} \subseteq \mathcal{C}_d$。因此，$\forall x \in U$，$[x]_{M_{C-\{a\}}} \subseteq [x]_{M_d}$。根据命题 6.2 和式(6-6)可知，$Pos_C(d) = Pos_{C-\{a\}}(d)$。也就是说，如果$\cup(\mathcal{C}_{C-\{a\}} - \mathcal{C}_d) = \cup(\mathcal{C}_C - \mathcal{C}_d)$，那么$a$在$C$中是一个$d$-不必要属性。

（2）DS是一个不相容决策系统。根据命题 6.5，$\mathcal{C}_C \not\subseteq \mathcal{C}_d$且$\mathcal{C}_C - \mathcal{C}_d \neq \varnothing$。令$V = \cup(\mathcal{C}_C - \mathcal{C}_d)$。根据式(6-14)和式(6-15)，$\forall x \in V$，$[x]_{M_C} \not\subseteq [x]_{M_d}$且$\forall x \in U - V$，$[x]_{M_C} \subseteq [x]_{M_d}$，即$V = U - Pos_{C-\{a\}}(d)$。于是，$\forall a \in C$，如果$\cup(\mathcal{C}_{C-\{a\}} - \mathcal{C}_d) = \cup(\mathcal{C}_C - \mathcal{C}_d)$，也就是说，$\cup(\mathcal{C}_{C-\{a\}} - \mathcal{C}_d) = V$，那么$Pos_{C-\{a\}}(d) = U - V$。因此，$Pos_{C-\{a\}}(d) = Pos_C(d)$。所以，如果$\cup(\mathcal{C}_{C-\{a\}} - \mathcal{C}_d) = \cup(\mathcal{C}_C - \mathcal{C}_d)$，那么$a$在$C$中是一个$d$-不必要属性。

$(\Leftarrow)$:（1）DS是一个相容决策系统。由于a在C中是一个d-不必要属性，所以$Pos_{C-\{a\}}(d)$

$= Pos_C(d) = U$。根据命题 6.2，$\{[x]_{R_{C-\{a\}}} : x \in U\} = \{[x]_{M_{C-\{a\}}} : x \in U\}$。因此，根据式(6-11)，$\mathcal{C}_{C-\{a\}} \subseteq \mathcal{C}_d$，即$\mathcal{C}_{C-\{a\}} - \mathcal{C}_d = \varnothing = \mathcal{C}_C - \mathcal{C}_d$。从而，$\cup(\mathcal{C}_{C-\{a\}} - \mathcal{C}_d) = \cup(\mathcal{C}_C - \mathcal{C}_d)$。

（2）DS 是一个不相容决策系统。令 $V = U - Pos_C(d)$，则 $V \neq \varnothing$。由于 a 在 C 中是一个 d-不必要属性，所以 $Pos_{C-\{a\}}(d) = Pos_C(d)$，即 $U - Pos_C(d) = U - Pos_{C-\{a\}}(d)$。由式(6-11)，若 $x \in U - Pos_C(d)$，则 $x \in (\mathcal{C}_C - \mathcal{C}_d)$。因此，$\cup(\mathcal{C}_{C-\{a\}} - \mathcal{C}_d) = \cup(\mathcal{C}_C - \mathcal{C}_d)$。

综上所述，命题 6.6 是成立的。证毕。

类似地，我们可以得到下面的命题。

命题 6.7 设 $DS = (U, A)$是一个决策系统，$a \in C$ 是一个条件属性。$\cup(\mathcal{C}_C - \{a\} - \mathcal{C}_d) \neq \cup(\mathcal{C}_C - \mathcal{C}_d)$当且仅当 a 在 C 中是一个 d-必要属性。

在命题 6.6 和命题 6.7 中，集合 $\cup(\mathcal{C}_C - \mathcal{C}_d)$表示决策系统中所有不相容元素组成的集合，如果 DS 是一个相容决策系统，则 $\cup(\mathcal{C}_C - \mathcal{C}_d) = \varnothing$，否则 $\cup(\mathcal{C}_C - \mathcal{C}_d) \neq \varnothing$。集合 $\cup(\mathcal{C}_C - \{a\} - \mathcal{C}_d)$则表示，当删除属性 a 后的决策系统中所有不相容元素组成的集合。此时，如果删除属性 a 后没有增加新的不相容元素，则 $\cup(\mathcal{C}_{C-\{a\}} - \mathcal{C}_d) = \cup(\mathcal{C}_C - \mathcal{C}_d)$，说明属性 a 是一个 d-不必要属性；反之，则有 $\cup(\mathcal{C}_C - \{a\} - \mathcal{C}_d) \neq \cup(\mathcal{C}_C - \mathcal{C}_d)$，说明属性 a 是一个 d-必要属性。

推论 6.4 $\forall a \in C$，$\cup(\mathcal{C}_{C-\{a\}} - \mathcal{C}_d) = \cup(\mathcal{C}_C - \mathcal{C}_d)$当且仅当 C 是 d-独立的。

推论 6.5 $Core_d(C) = \{a \in C : \cup(\mathcal{C}_{C-\{a\}} - \mathcal{C}_d) \neq \cup(\mathcal{C}_C - \mathcal{C}_d)\}$。

从上述命题 6.7 和其两个推论我们可以看出，在判断一个属性是否为必要属性时，不需要再进行相对正域的计算，这将比传统方式求属性的相对核以及相对约简要简捷。

命题 6.8 设 $B \subseteq C$ 是一个非空属性子集。B 是 d-独立的且 $\cup(\mathcal{C}_B - \mathcal{C}_d) = \cup(\mathcal{C}_C - \mathcal{C}_d)$当且仅当 B 是 C 的 d-约简。

例 6.8 在表 6-2 中，令 $C = \{a_1, a_2, a_3\}$，则根据例 6.5 的计算结果可知，$\mathcal{C}_C = \varnothing$。根据式(6-10)可得$\mathcal{C}_d = \{\{x_1, x_4\}, \{x_1, x_5\}, \{x_4, x_5\}, \{x_2, x_3\}, \{x_2, x_6\}, \{x_3, x_6\}\}$。

显然，$\mathcal{C}_C \subseteq \mathcal{C}_d$，所以 DS 是一个相容的决策系统。由于$\mathcal{C}_{C-\{a_1\}} - \mathcal{C}_d = \varnothing$，$\mathcal{C}_{C-\{a_2\}} - \mathcal{C}_d = \varnothing$，$\mathcal{C}_{C-\{a_3\}} - \mathcal{C}_d = \{\{x_1, x_2\}, \{x_1, x_3\}, \{x_4, x_6\}\}$，所以 a_1 和 a_2 在 C 中是 d-不必要属性，而 a_3 在 C 中是 d-必要属性。从而，$Core_d(C) = \{a_3\}$。令 $B_1 = \{a_1, a_3\}$，$B_2 = \{a_2, a_3\}$。因为$\mathcal{C}_{B_1} - \mathcal{C}_d = \varnothing$ 且$\mathcal{C}_{B_1-\{a_2\}} - \mathcal{C}_d = \{\{x_2, x_5\}\}$，所以 B_1 不是 d-独立的。同理可得，B_2 是 d-独立的且$\mathcal{C}_{B_1} = \mathcal{C}_C = \varnothing$。因此，$B_2$ 是唯一的一个 C 的 d-约简。

6.4.3 基于拟阵的属性约简算法

通常一个知识表达系统中会有大量的重复数据，如果直接对知识表达系统进行属性约简，这些重复数据无疑会增加计算量，减低约简的效率。因此，在进行属性约简前，我们通常首先要对知识表达系统进行去重，即删除重复的数据记录。下面我们分别对信息系统和决策系统来设计相应的属性约简算法。

6.4.3.1 基于拟阵的信息系统属性约简算法

对于一个信息系统 $IS = (U, A)$，我们首先要对其进行去重处理，根据式(6-11)可知，去重之后的$\mathcal{C}_A=\varnothing$。基于这一特点，我们设计基于拟阵的信息系统属性约简算法如下：

算法 1：信息系统属性约简算法。

输入：$IS=(U,A)$。

输出：A 的一个约简 $reduct(A)$。

步骤 1：对 IS 进行去重处理；

步骤 2：令 $Core(A)=\varnothing$，$C=A$；

步骤 3：如果 $C=\varnothing$，转向步骤 6；

步骤 4：选取 C 中的一个属性 a，如果$\mathcal{C}_{C-\{a\}}\neq\varnothing$，则 $Core(A)=Core(A)\cup\{a\}$；

步骤 5：$C=C-\{a\}$，转向步骤 3；

步骤 6：如果$\mathcal{C}_{Core(A)}=\varnothing$，则 $reduct(A)=Core(A)$，转向步骤 12；

步骤 7：令 $reduct(A)=A$，$B=A-Core(A)$。

步骤 8：如果 $B=\varnothing$，转向步骤 12；

步骤 9：选取 B 中的一个属性 a，如果$\mathcal{C}_{A-\{a\}}=\varnothing$，则 $reduct(A)=reduct(A)-\{a\}$；

步骤 10：$B=B-\{a\}$，$A=A-\{a\}$；

步骤 11：对 IS 进行去重，转向步骤 8；

步骤 12：输出 $reduct(A)$，算法结束。

从算法 1 中我们可以看出，步骤 1 ~ 步骤 5 是利用添加法求 A 的核的过程，步骤 6 是判断属性的核是否为约简，如果核是约简，则结束寻找；否则，从步骤 7 开始，利用删除法对核之外的属性进行判断，删除它们其中关于 $reduct(A)$不必要的属性，并最终求得 A 的一个约简。

6.4.3.2 基于拟阵的决策系统属性约简算法

决策系统分为相容决策系统和不相容决策系统两类，它们的属性约简过程也略有不同。相比而言，相容决策系统的属性约简较不相容决策系统的要容易一些，所以在对决策系统进行属性约简时，如果能先判断它的相容性，然后再采用相应的约简算法，将会有助于提高属性约简的效率。当然，如果我们不判断决策系统的相容性，也可以直接采用同一种算法进行约简。我们先给出一种适用于对相容决策系统进行属性约简的算法，然后结合该算法，再给出对任意决策系统进行属性约简的算法。

在下面的算法中，$DS=(U,C\cup\{d\})$是一个决策系统，其中 C 表示决策系统中所有条件属性的集合，d 表示决策属性。

算法 2：相容决策系统的属性约简算法。

输入：一个相容的决策系统 $DS=(U,C\cup\{d\})$。

输出：DS 的一个约简 $reduct_d(C)$。

步骤 1：对 DS 进行去重处理；

步骤 2：令 $Core_d(C)=\varnothing$，$D=C$；

步骤 3：如果 $D=\varnothing$，转向步骤 6；

步骤 4：选取 D 中一个属性 a，若$\mathcal{C}_{D-\{a\}}-\mathcal{C}_d\neq\varnothing$，则 $Core_d(C)=Core_d(C)\cup\{a\}$；

步骤 5：$D = D - \{a\}$，转向步骤 3；

步骤 6：如果$\mathcal{C}_{Core_d(C)} - \mathcal{C}_d = \varnothing$，则 $reduct_d(C) = Core_d(C)$，并转向步骤 12；

步骤 7：$reduct_d(C) = C$，$B = C - Core_d(C)$；

步骤 8：如果 $B = \varnothing$，转向步骤 12；

步骤 9：从 B 中选一属性 a，若$\mathcal{C}_{C-\{a\}} - \mathcal{C}_d = \varnothing$，则 $reduct_d(C) = reduct_d(C) - \{a\}$；

步骤 10：$B = B - \{a\}$，$C = C - \{a\}$；

步骤 11：对 DS 进行去重，转向步骤 8；

步骤 12：输出 $reduct(A)$，算法结束。

算法 2 在思路上与算法 1 大致是相同的，所不同的只是在判断一个属性是否是必要属性时，其条件不相同。下面结合算法 2，我们给出对任意决策系统进行属性约简的算法。

算法 3：决策系统的属性约简算法。

输入：一个决策系统 $DS = (U, C\cup\{d\})$。

输出：DS 的一个约简 $reduct(C)$。

步骤 1：对 DS 进行去重处理；

步骤 2：如果$\mathcal{C}_C \subseteq \mathcal{C}_d$，调用算法 2，转向步骤 12。

步骤 3：令 $Core_d(C) = \varnothing$，$D = C$；

步骤 4：如果 $D = \varnothing$，转向步骤 7；

步骤 5：选取 D 中一个属性 a，若 $\cup(\mathcal{C}_{D-\{a\}} - \mathcal{C}_d) = \cup(\mathcal{C}_D - \mathcal{C}_d)$，则 $Core_d(C) = Core_d(C) \cup \{a\}$；

步骤 6：$D = D - \{a\}$，转向步骤 4；

步骤 7：若 $\cup(\mathcal{C}_{Core_d(C)} - \mathcal{C}_d) = \cup(\mathcal{C}_D - \mathcal{C}_d)$，则 $reduct_d(C) = Core_d(C)$且转向步骤 12；

步骤 8：$reduct_d(C) = C$，$B = C - Core_d(C)$；

步骤 9：如果 $B = \varnothing$，转向步骤 12；

步骤 10：从 B 中选一属性 a，若 $\cup(\mathcal{C}_{C-\{a\}} - \mathcal{C}_d) = \cup(\mathcal{C}_C - \mathcal{C}_d)$，则 $reduct_d(C) = reduct_d(C) - \{a\}$；

步骤 11：$B = B - \{a\}$，$C = C - \{a\}$，转向步骤 9；

步骤 12：输出 $reduct(A)$，算法结束。

在算法 3 中，一开始便对决策系统进行了相容性的判断，如果决策系统是相容的，就直接调用算法 2；否则，按后面的步骤来进行属性约简。但其实在算法 3 中，我们即使删除了步骤 2，后面的步骤也能正常完成属性约简任务。这是由于在步骤 5、步骤 7 和步骤 10 中，判断一个属性是否为必要属性的条件是 $\cup(\mathcal{C}_{D-\{a\}} - \mathcal{C}_d) = \cup(\mathcal{C}_D - \mathcal{C}_d)$，而我们知道，如果决策系统是相容的，则$\mathcal{C}_D - \mathcal{C}_d$是空集。此时，判断条件 $\cup(\mathcal{C}_{D-\{a\}} - \mathcal{C}_d) = \cup(\mathcal{C}_D - \mathcal{C}_d)$ 就等价于算法 2 中的判断条件$\mathcal{C}_{D-\{a\}} - \mathcal{C}_d \neq \varnothing$。另外，在算法 3 中的步骤 11 之后，我们就没有必要像算法 2 中那样对 DS 再进行去重处理了，这也是由算法中的判断条件 $\cup(\mathcal{C}_{D-\{a\}} - \mathcal{C}_d) = \cup(\mathcal{C}_D - \mathcal{C}_d)$所决定的。

6.5 拟阵近似空间下的属性值约简

在本节中我们将在拟阵近似空间下讨论知识表达系统的属性值约简问题，与上述的分析类似，基于拟阵的方法，分别对信息系统和决策系统的属性值约简进行研究，并给出相应的属性值约简算法。

6.5.1 基于拟阵的信息系统属性值约简

给定一个信息系统 $IS = (U, A)$。对于 U 中的任意两个子集 X 和 Y，令 $W_X = \{\{x_1, x_2\} \subseteq X : x_1 \neq x_2\}$，$W_Y = \{\{y_1, y_2\} \subseteq Y : y_1 \neq y_2\}$，如果 $W_X = W_Y$，则显然有 $X = Y$。从而根据式（6-10）、式（6-11）以及定义 6.4，我们可以得到下面的命题。

为了方便讨论，在本小节的后续内容中我们规定：$\forall B \subseteq A$，令(U, M_B)表示一个拟阵近似空间且$\mathcal{C}(M_B) = \mathcal{C}_B$。此外，$\forall u \in U$，令

$$W_{u_B} = \{C \in \mathcal{C}_B : u \in C\} \tag{6-19}$$

且$\forall a \in A$，如果 $B = \{a\}$，则 $W_{u_a} = W_{u_B}$。

命题 6.9 设 $a \in A$。$W_{u_{A-\{a\}}} = W_{u_A}$ 当且仅当 u_a 在 u_A 中是不必要的。

证明：根据定义 6.4，我们需要证明 $W_{u_{A-\{a\}}} = W_{u_A}$ 当且仅当$\cap u_{A-a} = \cap u_A$。

$W_{u_{A-\{a\}}} = W_{u_A} \Leftrightarrow \mathcal{C}_{A-\{a\}} = \mathcal{C}_A \Leftrightarrow \forall x \in U, [x]_{M_{A-\{a\}}} = [x]_{M_A} \Leftrightarrow \cap u_{A-a} = \cap u_A$。证毕。

类似地，我们可以得到下面的命题。

命题 6.10 设 $a \in A$。$W_{u_{A-\{a\}}} \neq W_{u_A}$ 当且仅当 u_a 在 u_A 中是必要的。

推论 6.6 $\forall u_a \in u_A$，$W_{u_{A-\{a\}}} \neq W_{u_A}$ 当且仅当 u_A 是独立的。

推论 6.7 $\widehat{Core}(u_A) = \{u_a \in u_A : W_{u_{A-\{a\}}} \neq W_{u_A}\}$。

基于上述结论，我们可以得到下面的定理。

定理 6.8 设 $u_B \subseteq u_A$。如果 u_B 是独立的且 $W_{u_B} = W_{u_A}$，则 u_B 是 u_A 的一个约简。

例 6.9 在表 6-2 中，令 $A = \{a_1, a_2, a_3\}$。对于任意的 $u \in U$，根据例 6.5 中的结果，我们可得 $W_{u_A} = \varnothing$。同理，对于 $u = x_1$ 来说可得

$$W_{u_{A-\{a1\}}} = \{\{x_1, x_4\}\}，W_{u_{A-\{a2\}}} = \varnothing，W_{u_{A-\{a3\}}} = \{\{x_1, x_2\}, \{x_1, x_3\}, \{x_2, x_3\}\}$$

可以发现只有 $W_{u_{A-\{a2\}}} = W_{u_A} = \varnothing$，所以 u_{a_2} 在 u_A 中是不必要的，而 u_{a_1} 和 u_{a_3} 则在 u_A 中是必要的。根据推论 6.7，$\widehat{Core}(u_A) = \{a_1, a_3\}$。

如果令 $B = \{a_1, a_3\}$，我们可以判断 u_B 是独立的且 $W_{u_B} = W_{u_A}$，所以 $u_B = \{u_{a_1}, u_{a_3}\}$是 u_A 的一个约简，而 u_{a_2} 则在 u_A 中是一个冗余的数据。

用同样的方法，我们可以得到表 6-2 中所有 u_A 的约简。如果将所有冗余的属性值用"–"表示，则可以得到表 6-7。

表 6-7　流感诊断信息系统属性值约简

属性 / 论域	条件属性		
	头痛(a_1)	肌肉痛(a_2)	体温(a_3)
x_1	是	–	正常
x_2	是	–	高
	–	是	高
x_3	是	–	非常高
x_4	否	–	正常
x_5	否	–	高
	–	否	高
x_6	否	–	非常高

从表 6-7 我们可以很容易地发现，x_5 和 x_6 对应的 u_A 分别具有两个约简，都为$\{u_{a_1}, u_{a_3}\}$和$\{u_{a_2}, u_{a_3}\}$。而其他几个对象对应的 u_A 则都只具有一个约简，且均为$\{u_{a_1}, u_{a_3}\}$。另外，我们可以看出，属性 a_3 对应列中所有数据都是不可去除的，这与我们在例 6.3 中得到的 $Core_d(C) = \{a_3\}$是吻合的。

6.5.2　基于拟阵的决策系统属性值约简

给定一个决策系统 $DS = (U, A)$，$u \in U$ 是 U 中的一个对象，$A = C \cup \{d\}$，其中，C 是 A 中所有条件属性的集合，d 是 A 中的决策属性。对于 U 中的任意两个子集 X 和 Y，令 $W_X = \{\{x_1, x_2\} \subseteq X : x_1 \neq x_2\}$，$W_Y = \{\{y_1, y_2\} \subseteq Y : y_1 \neq y_2\}$，如果 $W_X \subseteq W_Y$，则显然有 $X \subseteq Y$。从而根据式(6-10)、式(6-11)以及定义 6.4，可以得到下面的命题。

命题 6.11　设 $a \in C$。如果 $W_{u_C} \subseteq W_{u_d}$，那么 $W_{u_{C-\{a\}}} \subseteq W_{u_d}$ 当且仅当 u_a 在 u_C 中相对于 u_d 是不必要的。

证明：根据定义 6.5，需要证明 $W_{u_{C-\{a\}}} \subseteq W_{u_d}$ 当且仅当$\cap u_{C-\{a\}} \subseteq u_d$。

$W_{u_{A-\{a\}}} \subseteq W_{u_d}$

$\Leftrightarrow$　$\mathcal{C}_{C-\{a\}} \subseteq \mathcal{C}_A$

$\Leftrightarrow$　$\forall x \in U$，$[x]_{M_{C-\{a\}}} \subseteq [x]_{M_d}$

$\Leftrightarrow$　$\cap u_{C-\{a\}} \subseteq \cap u_d$。

证毕。

类似地，我们可以得到下面的命题。

命题 6.12　设 $a \in C$。如果 $W_{u_C} \subseteq W_{u_d}$，那么 $W_{u_{C-\{a\}}} \not\subseteq W_{u_d}$ 当且仅当 u_a 在 u_C 中相对于 u_d 是必要的。

推论 6.8　$\forall u_a \in u_C$，$W_{u_{C-\{a\}}} \not\subseteq W_{u_d}$ 当且仅当 u_C 相对于 u_d 是独立的。

推论 6.9　$\widehat{Core}_d(u_C) = \{u_a \in u_C : W_{u_{C-\{a\}}} \neq W_{u_d}\}$。

基于上述结论，我们可以得到下面的定理。

定理 6.9 设 $u_B \subseteq u_C$。如果 u_B 相对于 u_d 是独立的且 $W_{u_B} \subseteq W_{u_d}$，则 u_B 是 u_C 相对于 u_d 的一个约简。

例 6.10 在表 6-2 中，令 $C = \{a_1, a_2, a_3\}$。根据式(6-10)可得

$$\mathcal{C}_d = \{\{x_1, x_4\}, \{x_1, x_5\}, \{x_4, x_5\}, \{x_2, x_3\}, \{x_2, x_6\}, \{x_3, x_6\}\}$$

从而 $W_{P1_d} = W_{P4_d} = W_{P5_d} = \{x_1, x_4, x_5\}$，$W_{P2_d} = W_{P3_d} = W_{P6_d} = \{x_2, x_3, x_6\}$。

对于任意的 $u \in U$，根据例 6.5 中的结果，可得 $W_{u_C} = \varnothing$。所以 $W_{u_C} \subseteq W_{u_d}$。于是，对于 $u = x_1$ 来说，可得

$$W_{u_{C-\{a1\}}} = \{\{x_1, x_4\}\},\ W_{u_{C-\{a2\}}} = \varnothing,\ W_{u_{C-\{a3\}}} = \{\{x_1, x_2\}, \{x_1, x_3\}, \{x_2, x_3\}\}$$

从上述中可以看出，只有 $W_{u_{C-\{a3\}}} \not\subseteq W_{u_d}$，所以 u_{a_3} 在 u_C 中相对于 u_d 是必要的，而 u_{a_1} 和 u_{a_2} 都是在 u_C 中相对于 u_d 是不必要的，即 $\widehat{Core}_d(u_C) = \{u_{a_3}\}$。

进一步地，我们可以得到在 u_C 的所有子集中，只有 $\{u_{a_3}\}$ 是独立的且 $W_{u_{a_3}} \subseteq W_{u_d}$，所以 $\{u_{a_3}\}$ 是 u_C 相对于 u_d 的一个约简，而 u_{a_1} 和 u_{a_2} 在 u_C 相对于 u_d 都是冗余的数据。

用同样的方法，我们可以得到表 6-2 中所有 u_C 相对于 u_d 的约简。如果将所有冗余的属性值用“–”表示，则可以得到表 6-8。

表 6-8 流感诊断决策系统属性值约简

属性 / 论域	条件属性			决策属性
	头痛(a_1)	肌肉痛(a_2)	体温(a_3)	感冒
x_1	–	–	正常	否
x_2	–	是	高	是
	是	–	高	
x_3	–	–	非常高	是
x_4	–	–	正常	否
x_5	–	否	–	否
	否	–	高	
x_6	–	–	非常高	是

对比表 6-7 和表 6-8 我们可以发现，在决策系统中通常存在着比信息系统更多的冗余数据。

6.5.3 基于拟阵的属性值约简算法

本小节将分别给出信息系统和决策系统的属性值约简算法，通常属性值的约简是在知识表达系统经过属性约简的基础上进行的，所以属性值约简算法的输入都是无重复数据的知识表达系统的一个约简，这在很大程度上降低了算法的复杂度，同时也简化了算法的设计和实现。

6.5.3.1　基于拟阵的信息系统属性值约简算法

给定一个经过属性约简且无重复数据记录的信息系统 $IS = (U, A)$。从上述的分析可知，$\mathcal{C}_A = \varnothing$，即对 U 中的任意元素 u 来说，$\cap u_A = \{u\}$。也就是说，$W_{u_A} = \varnothing$ [W_{u_A} 的定义见式(6-19)]。此时，如果从 A 中取出某个属性 a，使得 $W_{u_{A-\{a\}}} \neq \varnothing$，那么 u_a 在 u_A 中就是不必要的，反之就是必要的。这一点启发了我们如何同时去判断所有元素在某个属性上的取值是否为必要的，即：$\forall a \in A$，$\forall u \in U$，如果 $u \in \cup W_{u_{A-\{a\}}}$，那么 u_a 在 u_A 中就是必要的，反之则是不必要的。基于这一思路，我们给出下面的算法 4。

算法 4：基于拟阵的信息系统属性值约简算法。

输入：一个信息系统 $IS = (U, A)$。

输出：经过属性值约简后的 IS。

步骤 1：$B = A$。$\forall u \in U$，$\widehat{Core}(u_A) = \varnothing$，$Core(u) = \varnothing$。

步骤 2：任取 B 中的一个属性 a。$\forall u \in U$，如果 $u \in \cup W_{u_{A-\{a\}}}$，那么 $\widehat{Core}(u_A) = \widehat{Core}(u_A) \cup \{u_a\}$，$Core(u) = Core(u) \cup \{a\}$。

步骤 3：$B = B - \{a\}$，如果 $B \neq \varnothing$，转向步骤 2。

步骤 4：$V = U$。

步骤 5：任取 V 中的一个对象 u。如果 $\cap \widehat{Core}(u_A) = \varnothing$，则$\forall a \in A - Core(u)$，$a(u) =$ “+”，并转向步骤 9。

步骤 6：令 $C = A$，$B = A - Core(u)$。

步骤 7：任取 $b \in B$，如果 $\cap(u_C - u_b) = \{u\}$，则 $b(u) =$ “−”，$C = C - \{b\}$。

步骤 8：$B = B - \{b\}$。如果 $B \neq \varnothing$，转向步骤 7。

步骤 9：$V = V - \{u\}$。如果 $V \neq \varnothing$，转向步骤 5。

步骤 10：输出 IS，算法结束。

在算法 4 中，前三步是对信息系统中所有对象求属性值核的过程。其中，步骤 2 是该算法最为关键的一步，它巧妙利用拟阵近似空间中拟阵极小圈的特性，实现了快速对信息系统中各个对象求属性值的核，这在粗糙集中的近似空间中是很难完成的。从第四步开始，算法在前三步得到核的基础上，开始逐步去除各个对象对应的属性值中冗余的数据，并最终输出一个经过属性值约简的信息系统。

由于信息系统中，有些对象对应的属性值的约简或许有多个，所以一个信息系统可能有多种属性值约简的组合选择，从而得到不同的属性值约简结果。算法 4 并没有对信息系统所有可能的属性值约简进行计算，它只是计算出了其中一种结果。当然，如果需要计算出所有的属性值约简结果，只需对步骤 5 及之后的几个地方做适当修改即可。

6.5.3.2　基于拟阵的决策系统属性值约简算法

在对一个决策系统进行属性值约简时，我们要考虑两种情况：相容决策系统和不相容决策系统。对于相容决策系统而言，它的属性值约简算法在思想上与算法 4 大致相同，所不同的只是判断核的条件发生了变化。而对于不相容的决策系统来说，在设计算法时要考虑如何处理不相容对象的属性值约简。一般会有两种策略：（1）对不相容对象的属性值约简直接忽略，只对决策系统中相容的对象进行属性值约简；（2）采取一定措施，对决策系统中所有对象都进行属性值约简。第一种虽然算法设计简单，容易实现，却不能去除所有冗余数据，而第二种策略则恰好相反。下面我们给出一种按照第二种策略来设计的属性值约简算法。

给定一个经过属性约简且无重复数据记录的决策系统 $DS = (U, C\cup\{d\})$，其中，C 表示决策系统中所有条件属性的集合，d 表示决策属性。如果 DS 是一个相容的决策系统，那么根据式（6-18）可知，$\mathcal{C}_C = \varnothing$；否则，$\cup\mathcal{C}_C$ 中的对象即为决策系统中所有不相容对象。对 U 中的任意元素 u 来说，如果 $\cap u_A = \{u\}$，则表示该对象是相容的，否则该对象是不相容的，且 $\cap u_A - \{u\}$是与 u 不相容的所有对象的集合。知道了这一点，我们在设计算法时就可以将对 u 的属性值约简产生影响的那些不相容对象予以分离，实现对 u 的属性值约简。

算法 5：基于拟阵的决策系统属性值约简算法。

输入：一个决策系统 $DS = (U, C\cup\{d\})$。

输出：经过属性值约简后的 DS。

步骤 1：$V = U$，$B = C$。$\forall u \in U$，$\widehat{Core}_d(u_C) = \varnothing$，$Core(u) = \varnothing$。

步骤 2：任取 B 中的一个属性 a。$\forall u \in U$，如果 $u \in \cup W_{u_{C-\{a\}}} - \cup W_{u_C}$，那么 $\widehat{Core}_d(u_C) = \widehat{Core}_d(u_C) \cup \{u_a\}$，$Core(u) = Core(u) \cup \{a\}$。

步骤 3：$B = B - \{a\}$，如果 $B \neq \varnothing$，转向步骤 2。

步骤 4：任取 V 中的一个对象 u，令 $D = C$，$B = C - Core(u)$。如果 $\cap u_C \neq \{u\}$，则转向步骤 8。

步骤 5：若 $\cap\widehat{Core}(u_C) \subseteq u_d$，则$\forall a \in C - Core(u)$，$a(u) =$ “–”，并转向步骤 11。

步骤 6：任取 $b \in B$，如果 $\cap(u_C - u_b) \subseteq u_d$，则 $b(u) =$ “–”，$D = D - \{b\}$。

步骤 7：$B = B - \{b\}$。如果 $B \neq \varnothing$，则转向步骤 6；否则，转向步骤 11。

步骤 8：令 $E_u = \cap u_C - \{u\}$。如果 $\cap\widehat{Core}(u_C) - E_u \subseteq u_d$，则$\forall a \in C - Core(u)$，$a(u) =$ “–”，并转向步骤 11。

步骤 9：任取 $b \in B$，如果 $\cap(u_C - u_b) - E_u \subseteq u_d$，则 $b(u) =$ “–”，$D = D - \{b\}$。

步骤 10：$B = B - \{b\}$。如果 $B \neq \varnothing$，则转向步骤 9；否则，转向步骤 11。

步骤 11：$V = V - \{u\}$。如果 $V \neq \varnothing$，转向步骤 4。

步骤 12：输出 DS，算法结束。

与算法 4 类似，算法 5 的前三步也是用于求决策系统中各个对象的属性值的核。不过，此时在步骤 2 中判断一个对象的某个属性值是否为核的条件变了，即 $u \in \cup W_{u_{C-\{a\}}} - \cup W_{u_C}$，它表示 u 是否为一个在去除了属性 a 后新增加的不相容对象。在步骤 4 中，利用 $\cap u_C \neq \{u\}$是否成立来采用不同的方式对 u 进行属性值的约简。如果成立，即 u 是一个相容对象，则根据步骤 5 至步骤 7 对 u_C 进行属性值约简；否则，u 是一个不相容对象，则根据步骤 8 至步骤 10 对 u_C 进行属性值约简。由此我们可以看出，算法 5 对相容和不相容的决策系统都能进行属性值的约简。

6.6 本章小结

本章在拟阵近似空间下研究了粗糙集中的知识约简问题。通过二元圈将知识表达系统直接转换为一族拟阵近似空间，从而在一个完全的拟阵环境中来刻画粗糙集知识约简理论中的一些重要概念和结论，给出了基于拟阵的知识约简方法，并针对信息系统和决策系统分别设计了基于拟阵的属性约简算法和属性值的约简算法。本章的主要研究成果体现在以下几个方面：

（1）提出了拟阵近似空间的概念。通常，利用粗糙集处理一个知识表达系统的传统模式为：知识表达系统 → 等价关系 → 近似空间。而现在，我们通过借助拟阵近似空间的概念，得到一种新的知识表达系统处理模式：知识表达系统 → 二元圈 → 拟阵近似空间。这种新模式不仅提供了一种新的视角和手段去理解和处理知识表达系统，而且对利用拟阵去研究粗糙集启发了新的研究思路。

（2）用拟阵的方式实现了知识表达系统的知识约简。借助拟阵近似空间中拟阵二元圈的特性，简捷有效地实现了知识表达系统的属性约简以及属性值的约简。尤其是在对决策系统的属性约简方面，这种基于拟阵的知识约简方式不仅省去了传统粗糙集方式计算相对正域的繁琐，而且有效地解决了不相容决策系统的属性约简问题。

（3）给出了基于拟阵的知识表达系统的高效知识约简算法。除了计算相对正域的繁琐之外，在粗糙集的知识约简理论中，求属性以及属性值的核也是一个较为麻烦的过程。而我们通过借助拟阵近似空间中拟阵的二元圈，提供了一种非常快捷的方法来计算属性的核以及论域中所有对象的属性值的核，提高了知识约简算法的效率。

第7章 结论与展望

7.1 结 论

作为一种在现实世界中广泛存在的数据类型，覆盖数据已成为众多智能信息处理技术所必须面对的一类重要数据对象。覆盖粗糙集是一种处理此类型数据的重要理论和方法，最近几年受到了越来越多学者的关注。本书在分析和总结覆盖粗糙集研究现状的基础上，提炼出了其中存在的几个关键问题，并针对它们展开了一系列的研究，得到了如下一些主要创新成果：

（1）建立了一类新的覆盖粗糙模糊集模型。与已有的几类覆盖粗糙模糊集模型不同的是，这一新的模型充分考虑了元素与其最小描述之间的关系，以及其在给定模糊集中的隶属度。所以该模型在对给定模糊集进行粗糙描述时，相比其他几类模型表现得更为全面和准确。

（2）建立了覆盖 Vague 集模型和基于覆盖的软粗糙集模型。将 Vague 集与覆盖粗糙集相结合，从覆盖粗糙集中目标集合的上、下近似与论域中各元素之间存在的不确定关系出发，构建了目标集合关于某个覆盖的覆盖 Vague 集，从一种新的角度展现了论域中各元素与目标集合之间的从属关系，对覆盖中一些存在但常被忽视的不确定现象进行了阐释。此外，将软集与覆盖粗糙集相结合，构造了基于覆盖的软粗糙集模型，进一步丰富了覆盖粗糙集扩展模型的研究。

（3）提出了覆盖细化的思想，揭示了覆盖的一些本质特征。覆盖的细化有效降低了覆盖中信息粒的大小，丰富了原覆盖所包含的信息量，提高了覆盖粗糙集模型对目标集合的近似描述精度。以覆盖块中确定元素的性质来代表该覆盖块的独有特性，揭示了覆盖中覆盖块与元素之间的一些本质联系，为更好地理解覆盖以及从覆盖中进一步挖掘出更多信息提供了一种全新方法。

（4）将拟阵论引入粗糙集的研究中，构建了三种粗糙集的拟阵结构。拟阵具有完备的公理化体系，粗糙集的拟阵结构不仅能从拟阵的角度刻画和理解粗糙集，而且也为粗糙集的公理化研究提供启发。此外，从完全图和圈这两种图的角度来构建粗糙集的拟阵结构，更直观地阐释了粗糙集的本质特征以及粗糙集与拟阵之间的密切联系，帮助我们发掘到了粗糙集的一些新性质。值得一提的是，基于这两种图的粗糙集拟阵结构恰好互为对偶拟阵，使得这一研究变得更有意义。

（5）用拟阵的方法刻画了粗糙集中的知识约简理论，并设计出了基于拟阵的高效约简算法。通过定义二元圈将知识表达系统与拟阵近似空间联系起来，在一个完全的拟阵环境中刻画了粗糙集中的知识约简理论与方法。基于拟阵设计的知识约简算法，不仅从一个新的角度描述了约简的本质特征，而且简化了传统约简算法求核时的繁冗计算，提高了约简的效率。

7.2 后继工作展望

本书针对覆盖粗糙集中存在的三个关键问题展开了一系列研究，得到了一些重要的研究成果，在覆盖粗糙集的关键技术研究方面取得了较大的进展。然而，其中很多工作都还较为初步，需要进一步地完善和探索。在后续的研究工作中，我们将在现有研究的基础上，从以下几个方面展开更深入的研究：

（1）研究覆盖细化的标准体系，从更深层次去挖掘覆盖细化的性质。探索多角度地刻画覆盖细化的方法，如从一般二元关系等角度来描述这一问题，使得在这方面的研究取得了新的突破。

（2）探索用拟阵来对广义覆盖粗糙集进行刻画的方法，建立广义覆盖粗糙集的拟阵结构，并基于此来展开覆盖粗糙集的公理化研究。

（3）将取得的研究成果应用到实际问题中去，发挥出理论研究成果的现实价值，并根据应用中得到的反馈信息来对理论研究进行改进和完善，推动理论研究的进一步发展。

总之，覆盖粗糙集作为一种重要的智能信息处理技术，在处理覆盖数据方面展现出其独特的优势，引起了国内外越来越多学者的重视和研究兴趣。但同时覆盖粗糙集也还是一个较新的理论与方法，各方面的研究还都处在起步发展的阶段，仍有大量的工作和关键问题需要开展和解决。相信通过众人的智慧和努力，覆盖粗糙集将会得到不断的完善和发展，并在未来智能信息处理方面发挥更加重要的作用。

参 考 文 献

[1] 李德毅，杜鹢. 不确定性人工智能[M]. 北京：国防工业出版社，2005: 1-130.

[2] Dempster A P. Upper and lower probabilities induced by a multivalued mapping[J]. Annals of Mathematical Statistics, 1967, 2(38): 325-339.

[3] Shafer G. A Mathematical Theory of Evidence[M]. Princeton: Princeton University Press, 1976: 1-60.

[4] Shannon C E. A Mathematical Theory of Communication[J]. The Bell SYstem Technical Journal, 1948, 3-4(27): 373-423, 623-656.

[5] 王国胤，于洪，杨大春. 基于条件信息熵的决策表约简[J]. 计算机学报，2002，25（07）: 759-766.

[6] 杨明. 决策表中基于条件信息熵的近似约简[J]. 电子学报，2007，35（11）: 2156-2160.

[7] Liang J Y, Dang C Y, Chin K S. A new method for measuring uncertainty and fuzziness in rough set theory[J]. International Journal of General Systems, 2002, 31(4): 331-342.

[8] Hu Q H, Yu D R, Xie Z X, et al. Fuzzy probabilistic approximation spaces and their information measures[J]. IEEE Transactions on Fuzzy Systems, 2006, 14(2): 191-201.

[9] Zadeh L A. Fuzzy sets[J]. Information and Control, 1965, (8): 338-353.

[10] Pawlak Z. Rough sets[J]. International Journal of Computer and Information Sciences, 1982, 11(5): 341-356.

[11] Dubois D, Prade H. Rough fuzzy set and fuzzy rough sets[J]. International Journal of General Systems, 1990, 17(2-3): 191-209.

[12] Gau W L, Buehrer D J. Vague sets[J]. IEEE Transactions on Systems, Man and Cybernetics, 1993, 23(2): 610-614.

[13] 张文修，吴伟志. 粗糙集理论介绍和研究综述[J]. 模糊系统与数学，2000，14（04）: 1-12.

[14] 王国胤，姚一豫，于洪. 粗糙集理论与应用研究综述[J]. 计算机学报，2009，32（07）: 1229-1246.

[15] Han Y, Wu X, Wu J, et al. A New Algorithm for Knowledge Reduction Based on Neighborhood Rough Set[C]. International Conference on Artificial Intelligence and Computational Intelligence (AICI), Sanya, China: Springer, 2010: 15-18.

[16] Yang X B, Li X Z, Lin T Y. First GrC model - Neighborhood systems the most general rough set models[C]. Proceeding of 2009 IEEE International Conference on Granular Computing, Nanchang, China: IEEE Computer Society, 2009: 691-695.

[17] Hu Q H, Yu D R, Liu J, et al. Neighborhood rough set based heterogeneous feature subset

selection[J]. Information Sciences, 2008, 178(18): 3577-3594.

[18] Yao Y Y. Relational interpretations of neighborhood operators and rough set approximation operators[J]. Information Sciences, 1998, 111(1-4): 239-259.

[19] Yao Y Y. Rough sets, neighborhood systems, and granular computing[C]. Proceeding of 1999 IEEE Canadian Conference on Electrical and Computer Engineering, Edmonton, Alberta, Can: IEEE Computer Society, 1999: 1553-1558.

[20] Slowiński R, Vanderpooten D. A generalized definition of rough approximations based on similarity[J]. IEEE Transactions on Knowledge and Data Engineering, 2000, 12(2): 331-336.

[21] Skowron A, Stepaniuk J. Tolerance approximation spaces[J]. Fundamenta Informaticae, 1996, 27(2-3): 245-253.

[22] Polkowski L, Skowron A, Zytkow J. Tolerance Based Rough Sets[C]. Soft Computing: Rough Sets, Fuzzy Logic, Neural Networks, Uncertainty Management, San Diego: Simulation Councils,Inc., 1995: 55-58.

[23] Greco S, Matarazzo B, Slowiński R. Rough sets theory for multicriteria decision analysis[J]. European Journal of Operational Research, 2001, 129(1): 1-47.

[24] Greco S, Matarazzo B, Slowiński R. Rough approximation by dominance relations[J]. International Journal of Intel ligent Systems, 2002, 17(2): 153-171.

[25] Zakowski W. Approximations in the Space(U,Π)[J]. Demonstratio Mathematica, 1983, (16): 761-769.

[26] Pomykala J A. Approximation operations in approximation space[J]. Bulletin of the Polish Academy of Sciences, 1987, 35(9-10): 653-662.

[27] Bryniaski E. A Caculus of Rough Sets of the First Order[J]. Bulletin of the Polish Academy of Sciences, 1989, 37(16): 71-77.

[28] Zhu W, Wang F. Reduction and axiomization of covering generalized rough sets[J]. Information Sciences, 2003, 152: 217-230.

[29] Li J J. Topological methods on the theory of covering generalized rough sets[J]. Moshi Shibie yu Rengong Zhineng/Pattern Recognition and Artificial Intelligence, 2004, 17(01): 7-10.

[30] Tsang E C C, Chen D G, Lee J W T, et al. On the upper approximations of covering generalized rough sets[C]. Proceedings of the 3rd International Conference on Machine Learning and Cybernetics, Shanghai, China: IEEE Computer Society, 2004: 4200-4203.

[31] Zhu W, Wang F Y. A new type of covering rough set[C]. Proceeding of the 3rd International IEEE Conference on Intelligent Systems, London, United kingdom: IEEE Inc., 2006: 444-449.

[32] Xu W H, Zhang W X. Fuzziness of Covering Generalized Rough Sets[J]. Fuzzy Systems and Mathematics, 2006, (06): 115-121.

[33] Zhu W, Wang F Y. The fourth type of covering-based rough sets[J]. Information Sciences, 2012, 201: 80-92.

[34] Yao Y Y, Yao B X. Covering Based Rough Set Approximations[J]. Information Sciences,

2012, 200: 91-107.

[35] Zhu W. A class of covering-based fuzzy rough sets[C]. Proceeding of the 4th International Conference on Fuzzy Systems and Knowledge Discovery, Haikou, China: IEEE Inc., 2007: 7-11.

[36] Deng T, Chen Y, Xu W, et al. A novel approach to fuzzy rough sets based on a fuzzy covering[J]. Information Sciences, 2007, 177(11): 2308-2326.

[37] Feng T, Mi J, Wu W. Covering-based generalized rough fuzzy sets[C]. Proceeding of the 1st International Conference on Rough Sets and Knowledge Technology, Chongqing, China: Springer Verlag, 2006: 208-215.

[38] Zhang A, Ha M, Fan Y. Variable precision fuzzy rough set model based on fuzzy covering[C]. Proceedings of the 3rd International Conference on Innovative Computing Information and Control, Dalian, Liaoning, China: IEEE Computer Society, 2008: 399-403.

[39] 徐伟华，张文修. 覆盖广义粗糙集的模糊性[J]. 模糊系统与数学，2006, 20(06): 115-121.

[40] 魏莱，苗夺谦，徐菲菲，等. 基于覆盖的粗糙模糊集模型研究[J]. 计算机研究与发展，2006，43(10): 1719-1723.

[41] 王健鹏，戴岱，周正春. 基于覆盖的模糊粗糙集模型[J]. 周口师范学院学报，2004，21(02): 20-22.

[42] 胡军，王国胤，张清华. 一种覆盖粗糙模糊集模型[J]. 软件学报，2010，21(05): 968-977.

[43] Zhu W, Wang F. Axiomatic systems of generalized rough sets[C]. Proceeding of the 1st International Conference on Rough Sets and Knowledge Technology, Chongqing, China: Springer Verlag, 2006: 216-221.

[44] Zhu W, Wang F. On three types of covering-based rough sets[J]. IEEE Transactions on Knowledge and Data Engineering, 2007, 19(8): 1131-1143.

[45] Zhu W. Topological approaches to covering rough sets[J]. Information Sciences, 2007, 177(6): 1499-1508.

[46] Zhu W. Relationship between generalized rough sets based on binary relation and covering[J]. Information Sciences, 2009, 179(3): 210-225.

[47] Zhang Y, Li J, Wu W. On axiomatic characterizations of three pairs of covering based approximation operators[J]. Information Sciences, 2010, 180(2): 274-287.

[48] Liu J, Liao Z. The sixth type of covering-based rough sets[C]. IEEE International Conference on Granular Computing, Hangzhou, China: IEEE. Computer Society, 2008: 438-441.

[49] 苗夺谦，王国胤，刘清，等. 粒计算：过去、现在与展望[M]. 北京：科学出版社，2007: 1-20.

[50] 王国胤，胡军，张清华. 粒计算研究综述[J]. 智能系统学报，2007，2(6): 8-26.

[51] Zhu W. Generalized rough sets based on relations[J]. Information Sciences, 2007, 177(22): 4997-5011.

[52] Yao Y Y. Constructive and algebraic methods of the theory of rough sets[J]. Information Sciences, 1998, 109(1-4): 21-47.

[53] Yao Y Y. A comparative study of fuzzy sets and rough sets[J]. Information Sciences, 1998, 109(1-4): 227-242.

[54] Yang Y J, Hinde C. A new extension of fuzzy sets using rough sets: R-fuzzy sets[J]. Information Sciences, 2010, 180(3): 354-365.

[55] Ebonzo A D M A. An approach to the reduct problem using axiomatic fuzzy sets theory[J]. ICIC Express Letters, 2011, 5(12): 4495-4502.

[56] Tsang E C C, Chen D, Yeung D S, et al. Attributes Reduction Using Fuzzy Rough Sets[J]. Fuzzy Systems, IEEE Transactions on, 2008, 16(5): 1130-1141.

[57] Hu Q H, Yu D R, Guo M Z. Fuzzy preference based rough sets[J]. Information Sciences, 2010, 180(10): 2003-2022.

[58] Ouyang Y, Wang Z D, Zhang H P. On fuzzy rough sets based on tolerance relations[J]. Information Sciences, 2010, 180(4): 532-542.

[59] Pei D W, Fan T H. On generalized fuzzy rough sets[J]. International Journal of General Systems, 2009, 38(3): 255-271.

[60] Yeung D S, Chen D, Tsang E C C, et al. On the generalization of fuzzy rough sets[J]. IEEE Transactions on Fuzzy Systems, 2005, 13(3): 343-361.

[61] Petrosino A, Ferone A. Rough fuzzy set-based image compression[J]. Fuzzy Sets and Systems, 2009, 160(10): 1485-1506.

[62] Hu Q, Chen D, Yu D, et al. Kernelized fuzzy rough sets[C]. Proceeding of the 4th International Conference on Rough Sets and Knowledge Technology, Gold Coast, QLD, Australia: Springer Verlag, 2009: 304-311.

[63] Tsang G C Y, Chen D, Tsang E C C, et al. On attributes reduction with fuzzy rough sets[C]. 2005 IEEE International Conference on Systems, Man and Cybernetics, Hawaii, USA: IEEE, 2005: 2775-2780.

[64] Xi-Zhao W, Yan H, De-Gang C. On the reduction of fuzzy rough sets[C]. Proceedings of 2005 International Conference on Machine Learning and Cybernetics, Guangzhou, China: IEEE, 2005: 3174-3178.

[65] Yao Y Y. Probabilistic approaches to rough sets[J]. Expert Systems, 2003, 20(5): 287-297.

[66] Ziarko W. Probabilistic decision tables in the variable precision rough set model[J]. Computational Intelligence, 2001, 17(3): 593-603.

[67] Yao Y Y, Wong S K M. Generalized probabilistic rough set models[C]. Proceedings of the 1996 Asian Fuzzy Systems Symposium, Kenting, Taiwan: IEEE Computer Society, 1996: 158-163.

[68] Skowron A. The relationship between the rough set theory and evidence theory[J]. Bulletin of the Polish Academy of Sciences, 1989, (37): 87-90.

[69] Xiao Z, Ye S, Zhong B, et al. BP neural network with rough set for short term load forecasting[J]. Expert Systems with Applications, 2009, 36(1): 273-279.

[70] Jelonek J, Krawiec K, Slowiński R. Rough set reduction of attributes and their domains for neural networks[J]. Computational Intelligence, 1995, 11(2): 339-347.

[71] Lingras P J. Rough neural networks[C]. Proceedings of the 6th international conference on Information Processing and Management ofUncertainty in Knowledge-based Systems, Granada, Spain: Springer Verlag, 1996: 1445-1450.

[72] Slezak D, Szczuka M. Rough neural networks for complex concepts[C]. Proceedings of the 11th International Conference on Rough Sets, Fuzzy Sets, Data Mining, and Granular Computer, Toronto, Canada: Springer Verlag, 2007: 574-582.

[73] Shen M, Peng M F, Yuan H. Rough Set Attribute Reduction Based on Genetic Algorithm[J]. Advances in Information Technology and Industry Applications, 2012, 136: 127-132.

[74] Bingxiang L, Feng L, Xiang C. An adaptive genetic algorithm based on rough set attribute reduction[C]. 2010 3rd International Conference on Biomedical Engineering and Informatics, Yantai, China: IEEE, 2010: 2880-2883.

[75] Hou R, Zhang X, Pan W, et al. Knowledge reduction algorithm for rough sets based on adaptive genetic algorithm[C]. Chinese Control and Decision Conference, Yantai, China: IEEE, 2008: 5162-5166.

[76] Zhangyan X, Dongyuan G, Bo Y. Attribute Reduction Algorithm Based on Genetic Algorithm[C]. Proceedings of the 2nd International Conference on Intelligent Computation Technology and Automation, Changsha, China: IEEE, 2009: 169-172.

[77] Kondo M. On the structure of generalized rough sets[J]. Information Sciences, 2006, 176(5): 589-600.

[78] Chuchro M. On Rough Sets in Topological Boolean Algebras[M]. Rough Sets, Fuzzy Sets and Knowledge Discovery, London: Springer Verlag, 1994: 157-160.

[79] 张化光，梁洪力. 粗糙集的两种新型算子及其 Boolean 代数性质[J]. 应用科学学报，2004，22(04): 503-508.

[80] Liu G L, Zhu W. The algebraic structures of generalized rough set theory[J]. Information Sciences, 2008, 178(21): 4105-4113.

[81] Su B, Xu J, Chen S, et al. Data Reduction Through Combining Lattice with Rough Sets[C]. 2006 International Conference on Machine Learning and Cybernetics, Dalian, China: IEEE, 2006: 990-995.

[82] Li X N, Liu S Y. Matroidal approaches to rough set theory via closure operators[J]. International Journal of Approximate Reasoning, 2012, 4(53): 513-527.

[83] Wang S P, Zhu W. Matroidal structure of covering-based rough sets through the upper approximation number[J]. International Journal of Granular Computing, Rough Sets and Intelligent Systems, 2011, 2(2): 141-148.

[84] Wang S P, Zhu W. matroidal structure of covering-based rough sets through the upper

approximation number[J]. International Journal of Granular Computing, Rough Sets and Intelligent Systems, 2011, 2(2): 141-148.

[85] Zhu W, Wang S P. Matroidal approaches to generalized rough sets based on relations[J]. International Journal of Machine Learning and Cybernetics, 2011, 2: 273-279.

[86] Zhu W, Wang S P. Rough matroid[C]. Proceeding of 2011 IEEE International Conference on Granular Computing, Kaohsiung, Taiwan, China: IEEE Computer Society, 2011: 817-822.

[87] Yao Y Y, Wong S K M. A decision theoretic framework for approximating concepts[J]. International Journal of Man-Machine Studies, 1992, 37(6): 793-809.

[88] Yao Y Y, Wong S K M, Lingras P. A decision-theoretic rough set model[C]. Proceeding of the 5th International Symposium on Methodologies for Intelligent Systems, Charlotte, North Carolina: Springer, 1990.

[89] Yao Y Y, Wong S K M, Lingras P. Decision-theoretic rough set models[C]. Proceedings of the 2nd International Conference on Rough Sets and Knowledge Technology, Knoxville, TN, United states: Springer Verlag, 2007: 1-12.

[90] Yao Y Y. Probabilistic rough set approximations[J]. International Journal of Approximate Reasoning, 2008, 49(2): 255-271.

[91] Ziarko W. Variable precision rough set model[J]. Journal of Computer and System Sciences, 1993, 46(1): 39-59.

[92] Y. Y. Yao. 决策粗糙集研究探讨[M]. 决策粗糙集理论及其研究进展. 北京：科学出版社，2011: 155-178.

[93] Yao Y Y. Three-way decision: An interpretation of rules in rough set theory[C]. Proceeding of the 4th International Conference on Rough Sets and Knowledge Technology, Gold Coast, QLD, Australia: Springer-Verlag, 2009: 642-649.

[94] Yao Y Y. Three-way decisions with probabilistic rough sets[J]. Information Sciences, 2010, 180(3): 341-353.

[95] Li Y, Zhang C, Swan J R. An information filtering model on the web and its appoication in job agent[J]. Knowledge-Based Systems, 2000, 13: 285-296.

[96] Zhou X Z, Li H X. A multi-view decision model based on decision-theoretic rouhg set[C]. Proceeding of the 4th International Conference on Rough Sets and Knowledge Technology, Gold Coast, Australia: Springer-Verlag, 2009: 650-657.

[97] Liu D, Yao Y Y, Li T R. Three-way investment decisions with decision-theoretic rough sets[J]. International Journal of Computational Intelligence Systems, 2011, 4(1): 66-74.

[98] Yang X P, Song H G, Li T J. Decision making in incomplete information system based on decision-theoretic rough sets[C]. Proceedings of the 6th international conference on Rough sets and knowledge technology, Banff, Canada: Springer-Verlag, 2011: 495-503.

[99] Yao Y Y, Zhao Y. Attribute reduction in decision-theoretic rough set models[J]. Information Sciences, 2008, 178(17): 3356-3373.

[100] Zadeh L A. Toward a theory of fuzzy information granulation and its centrality in human

reasoning and fuzzy logic [J]. Fuzzy Sets and Systems, 1997, 90(2): 111-127.

[101] Lin T Y. Granular computing on binary relations I: data mining and neighborhood systems[C]. Rough Sets in Knowledge Discovery, Heidelberg: Physica-Verlag, 1998: 107-121.

[102] Lin T Y. Granular Computing on binary relaitons II: rough set representations and belief functions[C]. Rough Sets In Knowledge Discovery, Heidelberg: Physica-Verlag, 1998: 121-140.

[103] Lin T Y. Granular computing: fuzzy logic and rough sets[M]. Computing with words in information/intelligent systems, New York: Springer Verlag, 1999: 183-200.

[104] Yao Y Y. Stratified rough sets and granular computing[C]. Proceedings of the 18th International Conference of the North American Fuzzy Information Processing Society, New York, NY, USA: IEEE Press, 1999: 800-804.

[105] Yao Y Y. Information granulation and rough set approximation[J]. International Journal of Intelligent Systems, 2001, 16(1): 87-104.

[106] Yao Y Y. Granular computing: basic issues and possible solutions[C]. Proceedings of the 5th Joint Conference on Information Sciences, Atlantic City, NJ, USA: Association for Intelligent Machinery, Inc., 2000: 186-189.

[107] Qian Y H, Liang J Y, Dang C Y. Incomplete multigranulation rough set[J]. IEEE Transactions on Systems, Man, and Cybernetics Part A:Systems and Humans, 2010, 40(2): 420-431.

[108] Qian Y H, Liang J Y, Yao Y Y, et al. MGRS: A multi-granulation rough set[J]. Information Sciences, 2010, 180(6): 949-970.

[109] Qian Y H, Liang J Y, Pedrycz W, et al. Positive approximation: An accelerator for attribute reduction in rough set theory[J]. Artificial Intelligence, 2010, 174(9-10): 597-618.

[110] Qian Y H, Liang J Y, Pedrycz W, et al. An efficient accelerator for attribute reduction from incomplete data in rough set framework[J]. Pattern Recognition, 2011, 44(8): 1658-1670.

[111] Qian Y H, Liang J Y, Dang C Y. Converse approximation and rule extraction from decision tables in rough set theory[J]. Computers and Mathematics with Applications, 2008, 55(8): 1754-1765.

[112] Yang X B. The models of dominance-based multigranulation rough sets[C]. Proceedings of the 7th International Conference on Intelligent Computing: Bio-inspired Computing and Applications, Zhengzhou, China: Springer-Verlag, 2011: 657-664.

[113] Zhu W, Wang F. Relationships among three types of covering rough sets[C]. IEEE International Conference on Granular Computing, Atlanta, GA, United states: IEEE Computer Society, 2006: 43-48.

[114] Qin K, Gao Y, Pei Z. On covering rough sets[C]. Proceeding of the 2nd International Conference on Rough Sets and Knowledge Technology, Toronto, Canada: Springer Verlag, 2007: 34-41.

[115] Wang J, Dai D, Zhou Z. Fuzzy covering generalized rough sets[J]. Zhoukou Teachers Colloge, 2004, 21(2): 20-22.

[116] Wu M, Wu X, Shen T, et al. A new type of covering approximation operators[C]. Proceedings of 2009 International Conference on Electronic Computer Technology, Macau, China: IEEE Computer Society, 2009: 334-338.

[117] Xu Z, Wang Q. On the properties of covering rough sets model[J]. Henan Normal University.(Nat.Sci), 2005, 33(1): 130-132.

[118] Yao Y Y. On generalizing Pawlak approximation operators[C]. Proceedings of the First International Conference of Rough Sets and Current Trends in Computing, Warsaw, Poland: Springer, 1998: 298.

[119] Zhu W. Properties of the fourth type of covering-based rough sets[C]. Proceeding of the 6th International Conference on Hybrid Intelligent Systems, Auckland, New zealand: IEEE Computer Society, 2006: 43-46.

[120] Zhu W, Wang F. Properties of the First Type of Covering-Based Rough Sets[C]. Proceedings of the 6th IEEE International Conference on Data Mining, Hong Kong, China: IEEE Computer Society, 2006: 407-411.

[121] Zhu W. Properties of the second type of covering-based rough sets[C]. Proceeding of the International Conference on Web Intelligence and Intelligent Agent Technology, Hong Kong, China: IEEE Computer Society, 2007: 494-497.

[122] Yao Y Y. On generalizing rough set theory[C]. Proceeding of the 9th International Conference on Rough Sets, Fuzzy Sets, Data Mining, and Granular Computing, Chongqing, China: Springer, 2003: 44-51.

[123] Huang B, He X, Zhou X. Rough entropy based on generalized rough sets covering reduction[J]. Ruan Jian Xue Bao/Journal of Software, 2004, 15(2): 215-220.

[124] 余美真，李进金. 覆盖粗糙集的隶属函数及其约简[J]. 海南师范大学学报（自然科学版），2008, (04): 393-395.

[125] 孙士保，秦克云. 变精度覆盖粗糙集模型的推广研究[J]. 计算机科学，2008, 35(11): 210-213.

[126] 孙士保，刘瑞新，秦克云. 变精度覆盖粗糙集模型的比较[J]. 计算机工程，2008, 34(07): 10-13.

[127] 巩增泰，史战红. 基于覆盖的概率粗糙集模型及其 Bayes 决策[J]. 模糊系统与数学，2008，22(04): 142-148.

[128] 张倩倩，徐久成，胡玉文. 基于覆盖的粗糙 Vague 集模型研究[J]. 广西大学学报（自然科学版），2009，34(05): 653-657.

[129] 汤建国，佘堃，祝峰，等. 集值映射下的覆盖粗糙集模型[J]. 计算机工程与应用，2011，47(10): 30-34.

[130] 周圣毅，杨显中. 基于邻域的隶属度覆盖粗糙集模型[J]. 四川师范大学学报（自然科学版），2009，32(04): 458-461.

[131] Zhu W, Wang F. Properties of the third type of covering-based rough sets[C]. Proceeding of the 6th International Conference on Machine Learning and Cybernetics, Hong Kong,

China: IEEE Computer Society, 2007: 3746-3751.

[132] Tang J G, She K, Wang Y Q. Covering-based soft rough sets[J]. Journal of Electronic Science and Technology, 2011, 9(2): 118-123.

[133] Tang J G, She K, Zhu W. The refinement in covering-based rough sets[C]. Proceeding of the International Conference on Granular Computing, Taiwan, China: IEEE Computer Science, 2011: 641-646.

[134] Wang S P, Zhu W, Fan M. Transversal and function matroidal structures of covering-based rough sets[C]. 2011 IEEE International Conference on Granular Computing, Kaohsiung, Taiwan, China: Springer-Verlag, 2011: 146-155.

[135] Wang L J, Yang X B, Yang J Y, et al. Relationships among generalized rough sets in six coverings and pure reflexive neighborhood system[J]. Information Sciences, 2012, 207: 66-78.

[136] Ge X, Bai X L, Yun Z Q. Topological characterizations of covering for special covering-based upper approximation operators[J]. Information Sciences, 2012, 204: 70-81.

[137] Pawlak Z. Rough Sets: Theoretical Aspects of Reasoning about Data[M]. Boston: Kluwer Academic Publishers, 1991: 1-79.

[138] 苗夺谦，李道国. 粗糙集理论、算法与应用[M]. 北京：清华大学出版社，2008: 24-81.

[139] Lin T Y, Liu Q. Rough approximate operators: axiomatic rough set theory[C]. Proceedings of the International Workshop on Rough Sets and Knowledge Discovery: Rough Sets, Fuzzy Sets and Knowledge Discovery, London, UK: Springer-Verlag, 1994: 256-260.

[140] 祝峰，何华灿. 粗集的公理化[J]. 计算机学报，2000，26(03): 330-333.

[141] Bonikowski Z, Bryniarski E, Wybraniec-Skardowska U. Extensions and intensions in the rough set theory[J]. Information Sciences, 1998, 107(1-4): 149-167.

[142] Zhu W. Relationship among basic concepts in covering-based rough sets[J]. Information Sciences, 2009, 179(14): 2478-2486.

[143] 祝峰，王飞跃. 关于覆盖广义粗集的一些基本结果[J]. 模式识别与人工智能，2002，15(01): 6-13.

[144] Zhu W. Relationship among basic concepts in covering-based rough sets[J]. Information Sciences, 2009, 179(14): 2478-2486.

[145] Zhu W. Relationship between generalized rough sets based on binary relation and covering[J]. Information Sciences, 2009, 179(3): 210-225.

[146] Zhu W, Wang F. Topological properties in covering-based rough sets[C]. Proceedings of the 4th International Conference on Fuzzy Systems and Knowledge Discovery, Haikou, China: IEEE Inc., 2007: 289-293.

[147] Marcus S. Tolerance Rough Sets, Cech Topologies, Learning Processes[J]. Bulletin Polish Academy of Sciences-Technical Sciences, 1994, 42(3): 471-487.

[148] Katzberg D, Ziarko W. Variable precision extension of rough sets[J]. Fundamenta Informaticae, 1996, 27(2-3): 155-168.

[149] Yao Y Y. Rough sets and interval fuzzy sets[C]. Proceedings of 20th International

Meeting of the North American Fuzzy Information Processing Society, Vancouver, BC, Canada: IEEE Inc., 2001: 2347-2352.

[150] Beynon M J P M. Variable precision rough set theory and data discretisation: An application to corporate failure prediction[J]. Omega, 2001, 29(6): 561-576.

[151] Wu W, Leung Y, Zhang W. Connections between rough set theory and Dempster-Shafer theory of evidence[J]. International Journal of General Systems, 2002, 31(4): 405-430.

[152] Hu Q H, Yu D R, Wu C X. Fuzzy preference relation rough sets[C]. 2008 IEEE International Conference on Granular Computing, Hangzhou, China: IEEE Computer Society, 2008: 300-305.

[153] Mieszkowicz-Rolka A, Rolka L. Variable precision fuzzy rough sets[M]. Transactions on Rough Sets I, Lecture Notes in Computer Science, Berlin: Springer, 2004: 3100, 144-160.

[154] Feng L, Wang G. Variable precision fuzzy rough model for data analysis[J]. Xinan Jiaotong Daxue Xuebao/Journal of Southwest Jiaotong University, 2008, 43(5): 582-587.

[155] Chen D, He Q, Wang X. FRSVMs: Fuzzy rough set based support vector machines[J]. Fuzzy Sets and Systems, 2010, 161(4): 596-607.

[156] Zhang Z M, Bai Y C, Tian J F. Intuitionistic fuzzy rough sets based on intuitionistic fuzzy coverings[J]. Kongzhi yu Juece/Control and Decision, 2010, 25(9): 1369-1373.

[157] Hu Q H, An S, Yu D R. Soft fuzzy rough sets for robust feature evaluation and selection[J]. Information Sciences, 2010, 180(22): 4384-4400.

[158] Ouyang Y, Wang Z, Zhang H. On fuzzy rough sets based on tolerance relations[J]. Information Sciences, 2010, 180(4): 532-542.

[159] Slezak D, Ziarko W. Variable precision Bayesian Rough Set model[C]. Proceeding of the 9th International Conference on Rough Sets, Fuzzy Sets, Data Mining, and Granular Computing, Chongqing, China: Springer Verlag, 2003: 312-315.

[160] 徐忠印，廖家奇. 基于覆盖的模糊粗糙集模型[J]. 模糊系统与数学，2006，20（03）: 141-144.

[161] 张植明，白云超，田景峰. 基于覆盖的直觉模糊粗糙集[J]. 控制与决策，2010，25(09): 1369-1373.

[162] Deng T, Chen Y, Xu W, et al. A novel approach to fuzzy rough sets based on a fuzzy covering[J]. Information Sciences, 2007, 177(11): 2308-2326.

[163] Xu W H, Zhang X Y. Fuzziness in covering generalized rough sets[C]. Proceeding of the 26th Chinese Control Conference, Zhangjiajie, China: IEEE Computer Society, 2007: 386-390.

[164] Li T J, Leung Y, Zhang W X. Generalized fuzzy rough approximation operators based on fuzzy coverings[J]. International Journal of Approximate Reasoning, 2008, 48(3): 836-856.

[165] Samanta P, Chakraborty M K. Covering based approaches to rough sets and implication lattices[C]. Proceedings of the 12th International Conference on Rough Sets, Fuzzy Sets, Data Mining and Granular Computing, Delhi, India: Springer Verlag, 2009: 127-134.

[166] 李安贵，张志宏，孟艳，等. 模糊数学及其应用[M]. 北京：冶金工业出版社，2005: 1-48.

[167] Molodtsov D A. Soft set theory - First results[J]. Computers and Mathematics with Applications, 1999, 37(4-5): 19-31.

[168] Maji P K, Roy A. An application of soft sets in a decision making problem[J]. Computers and Mathematics with Applications, 2002, 44(8-9): 1077-1083.

[169] Maji P K, Biswas R. Soft set theory[J]. Computers and Mathematics with Applications, 2003, 45(4-5): 555-562.

[170] Xu W, Ma J, Wang S Y, et al. Vague soft sets and their properties[J]. Computers and Mathematics with Applications, 2010, 59(2): 787-794.

[171] Yao Y Y, Wong S K M. Generalization of Rough Sets Using Relationships Between Attribute Values[C]. Proceedings of the 2nd Annual Joint Conference on Information Sciences, Wrightsville Beach, NC: Information Sciences, 1995: 30-33.

[172] Zhu W, Wang F Y. On Three Types of Covering Rough Sets [J]. IEEE Transactions On Knowledge and Data Engineering, 2007, 19(8): 1131-1144.

[173] Zhu F. On covering generalized rough sets[D]. Tucson, Arizona: The University of Arizona, 2002.

[174] Feynman R P. The Character of Physical Law[M]. Cambridge, Massachusetts: The MIT Press, 2001: 1-50.

[175] Wu W Z. Fuzzy rough sets determined by fuzzy implication operators[C]. 2009 IEEE International Conference on Granular Computing, Nanchang, China: IEEE Computer Society, 2009: 596-601.

[176] Iwinski T. Algebraic approach to rough sets[J]. Bull. Polish Acad. Sci. Math., 1987, 35: 673-683.

[177] Pomykala J. The Stone algebra of rough sets[J]. Bull. Polish Acad. Sci. Math., 1988, 36: 495-508.

[178] Comer S. An algebraic approach to the approximation of information[J]. Fundamenta Informaticae, 1991, 14: 492-502.

[179] Yao Y Y, Li X. Uncertain reasoning with interval-set algebra[C]. Proceedings of the International Workshop on Rough Sets and Knowledge Discovery, Banff, Alberta, Canada: Springer-Verlag New York Inc., 1993: 178-185.

[180] Comer S. On connections between information systems, rough sets, and algebraic logic[J]. Algebraic Methods in Logic and Computer Science, 1993, 28: 117-124.

[181] Bonikowski Z. Algebraic Structures of Rough Sets[C]. Rough Sets, Fuzzy Sets and Knowledge Discovery. Proceedings of the International Workshop on Rough Sets and Knowledge Discovery, Banff, Alberta, Canada: Springer verlag, 1994: 243-247.

[182] Bonikowski Z. Algebraic Structures of Rough Sets in Representative Approximation Spaces[J]. Electronic Notes in Theoretical Computer Sciencer, 2003, 82(4): 52-63.

[183] Kondo M. Algebraic Approach to Generalized Rough Sets[C]. Proceedings of the 10th International Conference on Rough Sets, Fuzzy Sets, Data Mining and Granular Computing, Regina, Canada: Springer Verlag, 2005: 132-140.

[184] Qi G L, Liu W R. Rough operations on Boolean algebras[J]. Information Sciences, 2005, 173(1-3): 49-63.

[185] Dai J H. Rough 3-valued algebras[J]. Information Sciences, 2008, 178(8): 1986-1996.

[186] Wasilewska A. Topological Rough Algebras[C]. Kluwer Academic Publishers, Boston, 1997: 411-425.

[187] Yao Y Y. Concept lattices in rough set theory[C]. NAFIPS 2004 - Annual Meeting of the North American Fuzzy Information Processing Society: Fuzzy Sets in the Heart of the Canadian Rockies, Banff, Alta, Canada: IEEE Inc., 2004: 796-801.

[188] Zhang W X, Wei L, Qi J J. Attribute reduction in concept lattice based on discernibility matrix[C]. Proceeding of the 10th International Conference on Rough Sets, Fuzzy Sets, Data Mining, and Granular Computing, Regina, Canada: Springer Verlag, 2005: 157-165.

[189] Xu F, Shu L, Cheng W. A lattice-valued model of computing with words[C]. 2005 IEEE International Conference on Natural Language Processing and Knowledge Engineering, Wuhan, China: IEEE Society, 2005: 97-101.

[190] Yao Y Y. Probabilistic approaches to rough sets[J]. Expert Systems, 2003, 20(5): 287-297.

[191] Hu J, Wang G Y, Zhang Q H. Covering based generalized rough fuzzy set model[J]. Ruan Jian Xue Bao/Journal of Software, 2010, 21(5): 968-977.

[192] Dekel U, Gil Y. Revealing Class Structure with Concept Lattices[C]. Tenth Working Conference on Reverse Engineering, Victoria, BC, Canada: IEEE Computer Society, 2003: 353-363.

[193] 赖虹建．拟阵论[M]．北京：高等教育出版社，2002: 6-88.

[194] 刘桂真，陈庆华．拟阵[M]．长沙：国防科技大学出版社，1994: 1-41.

[195] Bollobás B. Modern Graph Theory[M]. New York: Springer, 1998: 94-114.

[196] West D B. Introduction to Graph Theory (2nd Edition)[M]. London: Prentice Hall, 2000: 1-33.

[197] Wikipedia. Glossary of graph theory—Wikipedia, The Free Encyclopedia[Z]. 2011.

[198] Bondy J A, Murty U S R. Graph Theory[M]. New York, USA: Springer, 2008: 1-98.

[199] Cameron P J. Notes on Matroids and Codes[Z]. 1998.

[200] Liang J Y, Li D Y. Information measures of roughness of knowledge and significance of attribute in rough set theory[J]. Gongcheng Shuxue Xuebao/Chinese Journal of Engineering Mathematics, 2000, 17(1): 106-108.

[201] Hu X H. Knowledge Discovery In Databases: An Attribute-Oriented Rough Set Approach[D]. Canada: University of Regin, 1995.

[202] Miao D Q, Wang J. On the relationships between information entropy and roughness of

knowledge in rough set theory[J]. Moshi Shibie yu Rengong Zhineng/Pattern Recognition and Artificial Intelligence, 1998, 11(1): 34-40.

[203] Liang J Y, Shi Z Z, Li D Y, et al. The information entropy, rough entropy and knowledge granulation in incomplete information system[J]. International Journal of General Systems, 2006, 35(6): 641-654.

[204] Liang J Y, Shi Z Z. The information entropy, rough entropy and knowledge granulation in rough set theory[J]. International Journal of Uncertainty, Fuzziness and Knowledge-Based Systems, 2004, 12(1): 37-46.

[205] Zhao J Y, Zhang Z L. Fuzzy-Rough Data Reduction Based on Information Entropy[C]. 2007 International Conference on Machine Learning and Cybernetics, Hong Kong, China: IEEE, 2007: 3708-3712.

[206] 滕书华，孙即祥，周石琳，等. 基于信息观点的约简算法比较[J]. 计算机科学，2011，38(01): 259-263.

[207] 于洪，杨大春，吴中福，等. 基于信息熵的一种属性约简算法[J]. 计算机工程与应用，2001，37(17): 22-23.

[208] Wang C R, Ou F F. An Attribute Reduction Algorithm Based on Conditional Entropy and Frequency of Attributes[C]. 2008 International Conference on Intelligent Computation Technology and Automation, Changsha, China: IEEE, 2008: 752-756.

[209] Yu H, Wang G Y, Yang D C, et al. Knowledge reduction algorithms based on rough set and conditional information entropy[C]. Proceeding of SPIE: Data Mining and Knowledge Discovery: Theory, Tools, and Technology IV, Orlando, FL, USA: SPIE Press, 2002: 422-431.

[210] Li K, Liu Y S. Rough set based attribute reduction approach in data mining[C]. Proceedings of 2002 International Conference on Machine Learning and Cybernetics, Baoding, China: IEEE, 2002: 60-63.

[211] 梁吉业，魏巍，钱宇华. 一种基于条件熵的增量核求解方法[J]. 系统工程理论与实践，2008，28(04): 81-89.

[212] 贾平，代建华，潘云鹤，等. 一种基于互信息增益率的新属性约简算法[J]. 浙江大学学报(工学版)，2006，40(06): 1041-1044.

[213] 杨胜，施鹏飞，顾钧. 基于互信息和 Beam 搜索的粗糙集属性约简算法[J]. 控制与决策，2004，19(11): 1208-1212.

[214] Xu F F, Miao D Q, Wei L. An Approach for Fuzzy-Rough Sets Attributes Reduction via Mutual Information[C]. Proceeding of the 4th International Conference on Fuzzy Systems and Knowledge Discovery, Haikou, China: IEEE Computer Science, 2007: 107-112.

[215] Skowron A, Rauszer C. The discernibility matrices and functions in information systems[M]. Intelligent Decision Support - Handbook of Advances and Applications of the Rough Set Theory, Dordrecht: Kluwer Academic Publishers, 1991: 331-362.

[216] 叶东毅，陈昭炯. 一个新的差别矩阵及其求核方法[J]. 电子学报，2002，30(07): 1086-1088.

[217] 杨明. 一种基于改进差别矩阵的核增量式更新算法[J]. 计算机学报，2006，29(03): 407-413.

[218] 芦晓红，陈世权，吴今培. 基于可辨识矩阵的启发式属性约简方法及其应用[J]. 计算机工程，2003，29(01): 56-59.

[219] Huang B, Quo L, Zhou X Z. Approximation Reduction Based on Similarity Relation[C]. Proceeding of the 4th International Conference on Fuzzy Systems and Knowledge Discovery, Haikou, China: IEEE Computer Science, 2007: 124-128.

[220] Hu G H, Shi Y M. An Attribute Reduction Method Based on Fuzzy-Rough Sets Theories[C]. Proceeding of the 1st International Workshop on Education Technology and Computer Science, Wuhan, China: IEEE, 2009: 828-831.

[221] Tsang E C C, Chen D G, Zhao S Y, et al. A Discussion of Attribute Reduction in Fuzzy Rough Sets Using Support Vector Machine[C]. IEEE International Conference on Systems, Man and Cybernetics, Taibei, China: IEEE, 2006: 3436-3440.

[222] Li J, Zhang Y C, Liu Y Z. A quick attribute reduction algorithm based on rough and fuzzy sets[C]. Proceeding of the 2nd International Conference on Computer Engineering and Technology, Chengdu, China: 2010: 499-502.

[223] Dong C X, Wu D W, He J. Knowledge Reduction of Evaluation Dataset Based on Genetic Algorithm and Fuzzy Rough Set[C]. International Conference on Computer Science and Software Engineering, 2008: 889-892.

[224] Chen D G, Wang X Z, Zhao S Y. Attribute Reduction Based on Fuzzy Rough Sets[C]. Proceedings of the international conference on Rough Sets and Intelligent Systems Paradigms, Warsaw, Poland: Springer-Verlag, 2007: 381-390.

[225] He Q, Wu C X, Chen D G, et al. Fuzzy roughsetbasedattributereduction for information systems with fuzzy decisions[J]. Knowledge-Based Systems, 2011, 5(24): 689-696.

[226] Bai J, Wei L L. A New Method of Attribute Reduction Based on Gamma Coefficient[C]. WRI Global Congress on Intelligent Systems, Xiamen, China: IEEE, 2009: 370-373.

[227] Xu X Z, Niu Y F. Research on attribute reduction algorithm based on Rough Set Theory and genetic algorithms[C]. Proceeding of the 2nd International Conference on Artificial Intelligence, Management Science and Electronic Commerce, Zhengzhou, China: IEEE, 2011: 524-527.

[228] Zhi J, Liu J Y, Wang Z. Rough set attribute reduction algorithm based on immune genetic algorithm[C]. Proceedings of the 2nd IEEE International Conference on Computer Science and Information Technology, Yerevan, Armenia: IEEE, 2009: 421-424.

[229] Chang S L. Feature reduction using a GA-Rough hybrid approach on Bio-medical data[C]. Proceedings of the 11th International Conference on Control, Automation and Systems, Gyeonggi-do, Korea(South): IEEE, 2011: 1339-1343.

[230] Yu H, Wang G, Lan F. Solving the attribute reduction problem with ant colony optimization[C]. Proceeding of the 6th International Conference on Rough Sets and Current Trends in Computing, Akron, OH, USA: Springer Verlag, 2008: 242-251.

[231] Yuanchun J, Yezheng L. An Attribute Reduction Method Based on Ant Colony Optimization[C]. Proceeding of the 6th World Congress onIntelligent Control and Automation, 2006: 3542-3546.

[232] Xue Q, Hu T, Cao B W. Attribute reduction algorithm of rough set fused with ant colony algorithm[C]. Proceeding of 2011 International Conference on Electronic and Mechanical Engineering and Information Technology, Harbin, China: IEEE, 2011: 2385-2387.

[233] Chen Y M, Miao D Q, Wang R Z. A rough set approach to feature selection based on ant colony optimization[J]. Pattern Recognition Letters, 2010, 31(3): 226-233.

[234] Lin W, Wu Y, Mao D, et al. Attribute Reduction of Rough Set Based on Particle Swarm Optimization with Immunity[C]. Proceeding of the 2nd International Conference on Genetic and Evolutionary Computing, Wuhan, China: IEEE, 2008: 14-17.